青木 敏 著

計算代数統計

グレブナー基底と実験計画法

統計学 One Point 9

共立出版

「統計学 One Point」編集委員会

鎌倉稔成　（中央大学理工学部，委員長）
江口真透　（統計数理研究所）
大草孝介　（九州大学大学院芸術工学研究院）
酒折文武　（中央大学理工学部）
瀬尾　隆　（東京理科大学理学部）
椿　広計　（独立行政法人統計センター）
西井龍映　（九州大学マス・フォア・インダストリ研究所）
松田安昌　（東北大学大学院経済学研究科）
森　裕一　（岡山理科大学経営学部）
宿久　洋　（同志社大学文化情報学部）
渡辺美智子（慶應義塾大学大学院健康マネジメント研究科）

「統計学 One Point」刊行にあたって

　まず述べねばならないのは，著名な先人たちが編纂された共立出版の『数学ワンポイント双書』が本シリーズのベースにあり，編集委員の多くがこの書物のお世話になった世代ということである．この『数学ワンポイント双書』は数学を理解する上で，学生が理解困難と思われる急所を理解するために編纂された秀作本である．

　現在，統計学は，経済学，数学，工学，医学，薬学，生物学，心理学，商学など，幅広い分野で活用されており，その基本となる考え方・方法論が様々な分野に散逸する結果となっている．統計学は，それぞれの分野で必要に応じて発展すればよいという考え方もある．しかしながら統計を専門とする学科が分散している状況の我が国においては，統計学の個々の要素を構成する考え方や手法を，網羅的に取り上げる本シリーズは，統計学の発展に大きく寄与できると確信するものである．さらに今日，ビッグデータや生産の効率化，人工知能，IoT など，統計学をそれらの分析ツールとして活用すべしという要求が高まっており，時代の要請も機が熟したと考えられる．

　本シリーズでは，難解な部分を解説することも考えているが，主として個々の手法を紹介し，大学で統計学を履修している学生の副読本，あるいは大学院生の専門家への橋渡し，また統計学に興味を持っている研究者・技術者の統計的手法の習得を目標として，様々な用途に活用していただくことを期待している．

　本シリーズを進めるにあたり，それぞれの分野において第一線で研究されている経験豊かな先生方に執筆をお願いした．素晴らしい原稿を執筆していただいた著者に感謝申し上げたい．また各巻のテーマの検討，著者への執筆依頼，原稿の閲読を担っていただいた編集委員の方々のご努力に感謝の意を表するものである．

編集委員会を代表して　鎌倉稔成

まえがき

　計算代数統計 (computational algebraic statistics) とは，代数学の理論を利用して統計学の諸問題に取り組んだ，比較的新しい研究分野をいう．もちろん，統計学には以前にも，代数学の理論にもとづくさまざまな研究があった．代表的なものには，統計的決定理論における変換群論とハール測度の応用や，実験計画法における有限体の理論，多変量分布論における連続群の表現論などが挙げられる．一方，計算代数統計は，代数幾何，可換代数，組合せ幾何などの理論が互いに関連して登場するという，多面的な特色をもつ．これらの理論を繋ぐキーワードのひとつが，グレブナー基底の理論である．

　統計学 One Point シリーズの読者は，大学や研究所などの教育研究機関，あるいは，製造や流通などのさまざまな現場において，統計学に接している方が多いと思う．一方で，グレブナー基底などという耳慣れない単語をいきなり目にして，戸惑いを感じている方もいるだろう．グレブナー基底は純粋数学の概念のひとつであるが，比較的近年になってその応用分野が開拓され，純粋数学に限らない他領域の研究者からも注目されるようになった，最先端のトピックのひとつである．そこでまず，グレブナー基底が誕生してから統計学と結びつくまでの歴史的な背景を，本書でも随所で引用しているグレブナー道場 ([15]) の第 1 章の説明から，抜粋して概説する．

　グレブナー基底の概念が最初に登場したのは 1960 年代であり，廣中平祐と Bruno Buchberger によりほぼ同時期に独立に導入された．グレブナー基底 (Gröbner basis) という用語は，Buchberger が自身の学位論文の指導教員である Wolfgang Gröbner に敬意を表して名付けたものである．グレブナー基底は，登場からおよそ 20 年後の 1980 年代の後半に，可換代数と代数幾何の計算ソフト Macaulay が開発されたことが転機とな

り，注目を集めた．これがグレブナー基底の理論展開の第一のブレークスルーである．さらに90年代に入り，凸多面体の三角形分割の理論と可換代数におけるグレブナー基底の理論との繋がりが発見されたことが，第二のブレークスルーといわれる．そして90年代に，後述する二つの論文によって統計学におけるグレブナー基底の応用例が発見され，計算代数統計とよばれる分野が誕生したことは，グレブナー基底の理論展開における第三のブレークスルーと位置づけられる．

　計算代数統計は，わずか20年の間に，統計学，代数学の両分野の研究者によって精力的に研究が進められ，現在も急速に進展している，分野融合的な特色をもつ研究分野である．その進展の背景には，グレブナー基底の研究と代数計算ソフトウェアの急速な発展がある．計算代数統計では，統計モデルを代数的に，つまり代数方程式系の零点の集合として特徴づけ，それを代数計算ソフトウェアで計算する（このことが，分野名に「計算」が付いている所以である）．ここでいう計算とは，例えば本書の1.6節で紹介するBuchbergerアルゴリズムによるグレブナー基底の計算などを指す．ところがこのBuchbergerアルゴリズムは，入力の変数の数に対して二重指数（！）の計算オーダーをもち，与えられた問題のグレブナー基底が現実的な時間で得られるかどうかは，問題のサイズに大きく依存する．実際，計算代数統計の発端となった上記の論文が出版された90年代の初めの頃は，応用統計学に現れるような，変数の数が数十を越えるような問題のグレブナー基底は，計算できないのがむしろ当たり前であったように思う．例えば，当時大学院生だった筆者は何度か，（データ解析として見れば）ごく小さいサイズの問題のグレブナー基底の計算を試みて，数時間から数日を要しても計算が終了しないという経験をした．当時の筆者が，計算代数の勉強を始めたばかりの駆け出しであったことは事実だが，それを差し引いても，その頃はまだこの分野には，「理論は面白くても実際には使えない」という側面があったように思う．しかしその後，グレブナー基底の理論と代数計算ソフトウェアの急速な発展とともに，計算できる問題のサイズは徐々に大きくなっていった．上述の「数日経っても終了しなかった計算」の中には，現在では，手元の標準的なノートパソコンで

1秒未満で終了するものもある．そのような問題であっても，さらにサイズをわずかに大きくしただけで，「計算できない問題」に戻ってしまうこともあるのだが（そしてその問題も，数年後には一瞬で計算が終了することになるのかもしれないが），現在は，標準的な計算機があれば，勉強をしながら誰でも手軽に計算を実行し，出力を確認することができる状況にある，といっても間違いではないだろう．このことは，計算代数統計を学ぶ上での最大の魅力であると思う．

本書は，計算代数統計を初めて学ぶ学部生・大学院生を想定して，グレブナー基底の入門的な説明と，その理論が結びついた統計学の最初の問題のひとつを紹介する．前提とする数学の知識は，基本的な線型代数のみである．統計学の知識は，線形モデルの理論は理解していることが望ましいが，仮に知らなくても，本書の内容を理解するために最低限必要な説明は本書に与えた．本書は，統計学 One Point シリーズの一冊であるが，内容は統計学よりもやや純粋数学寄りかもしれない．しかしその分，定義と定理よりも，具体例と考え方の説明や，ソフトウェアによる実際の計算の紹介に紙面を割いた．筆者としては，本書を，理系全般の学生に広く読んでいただき，一人でも多くの方にこの分野の雰囲気を感じ取ってもらえれば嬉しい．

歴史的には，計算代数統計の起源となったのは，90年代の2本の論文，つまり Pistone と Wynn による実験計画法への応用の論文 ([24]) と，Diaconis と Sturmfels による分割表解析への応用の論文 ([10]) である．これらのうち，前者の論文を理解することが，本書の目標である．本書を読んで計算代数統計に興味をもった読者は，是非，後者の話題についても興味を広げてほしい．グレブナー道場 ([15]) の第4章は，後者の話題についての筆者による入門的な説明である．また，筆者と共同研究者による初期の研究成果の解説記事 [3] や単行本 [4] は，この分野の研究を知るためのきっかけになると思う．

本書では，前述した「実際に計算する楽しさ」を読者に体験してもらうために，代数計算ソフトウェアのひとつ，Macaulay2 による計算の例を，なるべくたくさん掲載した．名前から分かる通り，Macaulay2 は，

グレブナー基底の理論展開の第一のブレークスルーのきっかけとなった計算ソフト Macaulay の後継である．そのような歴史的な理由もあり，Macaulay2 は，世界中で最も使われている代表的な代数計算ソフトウェアのひとつである．とはいえ，現在では，Macaulay2 のほかにも数多くの代数計算ソフトウェアの選択肢があり，本来は，目的や計算内容に応じてさまざまなソフトウェアを使い分ける（使いこなす）のが，計算代数統計の勉強・研究の醍醐味である．それでも敢えて，本書で Macaulay2 という特定のソフトウェアを取り上げた理由は，この原稿の執筆時点で，ウェブブラウザ上で利用できる環境 (Macaulay2 online) が整備されている点にある．本書で紹介する計算例では，なるべく基本的な関数のみを使い，具体的な計算コードもすべて記述した．したがって，代数計算ソフトウェアの利用経験が全くない読者でも，ソフトウェアのインストールの手間をかけずに，手元の計算機やタブレット端末からブラウザ上で実際の計算を実行し，この分野の雰囲気を感じとることができるはずである．具体的な方法は 1.7 節を見てほしい．

本書の構成は以下の通りである．第 1 章のグレブナー基底入門では，グレブナー基底とはそもそもどのような性質をもち，どのようにして得られるのかを，多項式の割り算の視点から説明し，グレブナー基底の強力な応用例である消去定理を説明する．多項式環のグレブナー基底を導入するためには，多項式環の定義と Dickson の補題から始めて，イデアルの定義，単項式順序の導入を経るのが王道だと思われるが，本書は，抽象的な議論をなるべく避けて，高校数学などで馴染みのある具体例を通して理解を深めることを意図している．第 2 章では，グレブナー基底の理論が最初に統計学に応用された研究である，Pistone と Wynn の論文 [24] の内容を説明する．端的にいえば，この研究は，実験計画法における母数の推定可能性（識別可能性）の問題と，多項式環のイデアルに対するイデアル所属問題の関係を明らかにしたものである．これを理解するために必要となるのは，多項式環の剰余環の概念と Macaulay の定理である．本書ではこれらを，できるだけ平易に説明する．

本書の第 1 章の内容は，第 2 章を理解するために最低限必要なグレブ

ナー基底の理論であるが，これをもう少し具体的に書けば，「代数方程式系を一般的に解くための理論」となる．統計学に関連した代数方程式系の例をひとつ挙げれば，統計モデルの母数表現，あるいは陽的 (explicit) 表現から，陰的 (implicit) 表現を導くための一般的な方法は，代数方程式系を解き「ある変数を消去する」ことに対応する．例えば，2 元分割表のセル確率を表す母数 $\{p_{ij}\}$ について，行と列との独立モデルは，通常は母数表現で

$$p_{ij} = \alpha_i \beta_j, \quad \forall i,j$$

などと表すことが多いが，これを代数方程式系

$$p_{ij} - \alpha_i \beta_j = 0, \quad \forall i,j$$

とみて $\{\alpha_i\}, \{\beta_j\}$ を消去すれば，陰的表現

$$p_{ij}p_{i'j'} - p_{i'j}p_{ij'} = 0, \quad \forall i,i',j,j'$$

が得られる（1.8 節で，実際の計算を確認する）．このようにして導かれた陰的表現の応用的な意味のひとつを明らかにしたのが，計算代数統計のもう一方の起源である，分割表解析への応用の論文 ([10]) である．このように，統計モデルや，本書で扱うような実験計画，あるいは，尤度方程式や構造方程式など，統計学に現れるさまざまな代数方程式は，それらが定義する代数多様体とみて，代数幾何学的な研究対象として扱うことができる．代数幾何学における基本的な概念には，例えば，次元，既約性，特異点，閉包などがあるが，統計学に現れるさまざまな代数多様体について，これらの概念の統計学的な意味については，明らかにされていない部分が多い．統計学においては基本的な対象であっても，代数幾何学的には，高次元で複雑な研究対象となるものが多いからである．計算代数統計は，グレブナー基底の理論を武器に，計算代数ソフトウェアを駆使して，統計学の諸問題の代数幾何を研究する学問である．筆者は，本書で扱う「代数方程式系を一般的に解くための理論」や Macaulay2 による計算が，計算代数統計のスタートラインに立つための「最初の武器」になると信じてい

る．これを磨き，より強力な武器を入手するための道標となるであろう文献をあとがきで紹介する．

　グレブナー基底に関する定評のある教科書は多いが，計算代数統計への応用を念頭に書かれた教科書としては，前述したグレブナー道場 [15] が，初学者向けの最適な入門書のひとつであろう．本書で紹介する定理の証明のいくつかは，このグレブナー道場の第 1 章を参考に構成している．その他の参考書に関しては，あとがきに説明を加えた．

　本書をまとめるにあたって，多くの方にご助力をいただいた．神戸大学大学院理学研究科の高山信毅先生，立教大学理学部の野呂正行先生，小山民雄先生には，草稿段階の本書を読んでいただき，有益なコメントをいただいた．特に，「ここの説明は，数学者にとっては分かりにくい」という指摘は貴重であり，筆者自身が学び直すきっかけとなった．編集委員会と閲読者の方々には，小さなミスから本質的なものまで，多くの丁寧なコメントをいただき，本書の内容をより良いものに引き上げていただいた．閲読者のお一人には，本書に掲載した Macaulay2 のコマンドを，一つひとつ実行してチェックしていただいた．共立出版編集部には，辛抱強く原稿の完成を待っていただき，編集では大変細やかな対応をいただいた．ここに感謝いたします．また，日頃から筆者の研究活動を支えてくれている妻と娘にも，この場を借りて厚く感謝の意を表します．

2018 年 6 月

青木　敏（神戸大学）

目　次

第1章　グレブナー基底入門　　　*1*
1.1　連立方程式 ……………………………………………………… *1*
1.2　多項式環のイデアル …………………………………………… *8*
1.3　単項式イデアルとDicksonの補題 …………………………… *20*
1.4　単項式順序と多変数の多項式の割り算 ……………………… *32*
1.5　グレブナー基底とイデアル所属問題 ………………………… *43*
1.6　Buchberger判定法とBuchbergerアルゴリズム …………… *51*
1.7　Macaulay2によるグレブナー基底の計算 …………………… *59*
1.8　消去定理と連立方程式の解法 ………………………………… *69*

第2章　グレブナー基底と実験計画法　　　*75*
2.1　有限個の点集合上の多項式と実験計画法 …………………… *75*
2.2　計画と計画イデアル …………………………………………… *88*
2.3　計画イデアルの計算 …………………………………………… *96*
2.4　計画上の多項式関数と剰余環 ………………………………… *107*
2.5　標準単項式とMacaulayの定理 ……………………………… *117*
2.6　計画上の補間多項式 …………………………………………… *123*
2.7　多項式モデルの識別可能性 …………………………………… *129*
2.8　関連する話題 …………………………………………………… *148*

あとがき　　　*159*

参考文献　　　*163*

索　引　　　*165*

第1章
グレブナー基底入門

本章では，計算代数統計の「代数」の部分，つまり，多項式環のグレブナー基底について，その定義，性質，計算方法などを説明する．グレブナー基底の理論は，多項式環とイデアルを舞台に展開されるが，本章ではまず，馴染みのある連立方程式の問題を例にとり，多項式環とイデアルの対応を眺め，その後に多項式環のイデアルを導入する．また，グレブナー基底の計算アルゴリズムである Buchberger アルゴリズムがどのようなものか，実際の例を通して学ぶ．後半では，ウェブブラウザ上で利用可能な代数計算ソフトウェア Macaulay2 を紹介する．

1.1 連立方程式

次の問題を考えよう．

問題 1.1 連立方程式

$$\begin{cases} x + 2y - z = 2 \\ x + y - 4z = 3 \\ x + 3y + 3z = 0 \end{cases}$$

を解け．

これは，受験数学でお馴染みの，連立1次方程式である．大学の線型代数の講義では，このような問題を（拡大）係数行列の簡約化により解く方法を学ぶ．この問題では，係数行列の行階段形を求めて，もとの連立方程式を

$$\begin{cases} x + 2y - z = 2 \\ y + 3z = -1 \\ z = -1 \end{cases} \tag{1.1}$$

と変形すれば，z, y, x の順に容易に解が求まることに注目しよう．これはガウスの消去法，あるいは掃き出し法とよばれる，連立方程式の解法である．ガウスの消去法では，与えられた連立1次方程式を式 (1.1) の行階段形に変形することを「前進消去」といい，それを z, y, x の順に解いて解を得ることを「後退代入」という．

次のような問題も，受験数学で馴染みがあるだろう．

問題 1.2 連立方程式

$$\begin{cases} x^2 + y^2 + 4z^2 = 81 \\ x - y + z^2 = 13 \\ xz - 2y = 18 \end{cases} \tag{1.2}$$

を解け．

この問題を解くには，まず，第2式の2倍を第3式から引いて y を消去し，

$$xz - 2x - 2z^2 = -8$$

を得る．この式が，

$$(z-2)(x-2z-4) = 0$$

と因数分解できることに気付けば，あとは場合分けにより解を求めること

ができる．$z=2$ のときの連立方程式は

$$\begin{cases} x^2 + y^2 = 65 \\ x - y = 9 \end{cases}$$

となり，これから $(x,y,z) = (8,-1,2), (1,-8,2)$ を得る．一方，$x = 2z + 4$ のときは，代入して整理すれば

$$\begin{cases} y^2 + 8z^2 + 16z = 65 \\ y = z^2 + 2z - 9 \end{cases}$$

となる．ここからさらに第2式を第1式に代入して整理すれば，z のみの方程式

$$z^4 + 4z^3 - 6z^2 - 20z + 16 = 0 \tag{1.3}$$

を得る．この左辺の因数分解

$$(z-2)(z+4)(z^2 + 2z - 2) = 0$$

から，$z = 2, -4, -1 \pm \sqrt{3}$ を得る．あとは，これらの z の値を一つずつ代入して，y, x を求めればよい．整理すると，問題 1.2 の解は複号同順で

$(x,y,z) = (8,-1,2), (1,-8,2), (-4,-1,-4), (2 \pm 2\sqrt{3}, -7, -1 \pm \sqrt{3})$

となる．

では，次の問題はどうだろうか．

問題 1.3 連立方程式

$$\begin{cases} x^2 + y^2 + 4z^2 = 90 \\ x - y + z = 12 \\ xz - 3y = 28 \end{cases} \tag{1.4}$$

を解け．

連立方程式 (1.2) と (1.4) の違いはわずかであり，問題 1.3 と問題 1.2 のどちらが難しい問題か，瞬時に判断することは困難であろう．どちらかといえば，問題 1.3 の方が，第 2 式の z の次数が小さい分，簡単に見えるかもしれない．しかし，連立方程式 (1.4) は，先ほどと同じように第 2 式の 3 倍と第 3 式の差から y を消去しても，次の因数分解ができないため行き詰まる．一見するとよく似た 2 つの問題であるが，問題 1.3 を手計算で解くのは，なかなか難しい．

連立方程式 (1.2) が容易に解けたのは，因数分解と場合分けという，方程式の形の特殊性を利用して，式 (1.3) のような 1 変数の方程式を導くことができたからである．では，因数分解を使わずに，**連立方程式から 1 変数の方程式を得る一般的な方法**はあるのだろうか．本書で学ぶグレブナー基底は，そのための有力な武器のひとつである．詳しい理論は次節以降で説明するが，まずは，本書で扱う代数計算がどのようなものかを実感するために，問題 1.3 を「グレブナー基底の計算風に」解いてみよう．

問題 1.3 の解 連立方程式 (1.4) を

$$\begin{cases} f_1 = x^2 + y^2 + 4z^2 - 90 = 0 \\ f_2 = x - y + z - 12 = 0 \\ f_3 = xz - 3y - 28 = 0 \end{cases}$$

と書き直しておく．最終的に z のみの方程式を導くことが目標である．まず，$f_2 = 0$ より $x = y - z + 12$ となるから，これを f_3 に代入して，

$$f_3 = z(y - z + 12) - 3y - 28 = yz - 3y - z^2 + 12z - 28$$

を得る．この右辺を改めて

$$f_4 = yz - 3y - z^2 + 12z - 28$$

とおく．同様に，f_1 にも $x = y - z + 12$ を代入すると，

$$f_1 = (y - z + 12)^2 + y^2 + 4z^2 - 90$$
$$= 2y^2 - 2yz + 24y + 5z^2 - 24z + 54 \qquad (*)$$

となる．ここで，先に得られた f_4 に注目し，$f_4 = 0$ を $yz = 3y + z^2 - 12z + 28$ と変形して代入すれば，

$$(*) = 2y^2 - 2(3y + z^2 - 12z + 28) + 24y + 5z^2 - 24z + 54$$
$$= 2y^2 + 18y + 3z^2 - 2$$

となる．この右辺を

$$f_5 = 2y^2 + 18y + 3z^2 - 2$$

とおく．ここまでで，もとの連立方程式は

$$\begin{cases} f_2 = x - y + z - 12 = 0 \\ f_4 = yz - 3y - z^2 + 12z - 28 = 0 \\ f_5 = 2y^2 + 18y + 3z^2 - 2 = 0 \end{cases}$$

と変形できた．f_4 と f_5 はいずれも y と z の式であるので，次はこの両式から y を消去したい．ただし，例えば $f_4 = 0$ を

$$y = \frac{z^2 - 12z + 28}{z - 3}$$

と有理式の形に変形することは避け，多項式の式変形のみで解を導くことを考える．そのために，いきなり y を消去するのではなく，まずは f_4 と f_5 の**それぞれの先頭の項である** yz **と** $2y^2$ **を打ち消すような変形**，つまり $2yf_4 - zf_5$ を作ってみよう．これは，以下のようになる．

$$2yf_4 - zf_5 = 2y(yz - 3y - z^2 + 12z - 28) - z(2y^2 + 18y + 3z^2 - 2)$$
$$= -6y^2 - 2yz^2 + 6yz - 56y - 3z^3 + 2z \qquad (**)$$

計算途中に現れた yz と y^2 は，すでに得られている $f_4 = f_5 = 0$ の式を使って置き換えよう．

$$(**) = -3(-18y - 3z^2 + 2) - (2z - 6)(3y + z^2 - 12z + 28)$$
$$-56y - 3z^3 + 2z$$
$$= -6yz + 16y - 5z^3 + 39z^2 - 126z + 162$$
$$= -6(3y + z^2 - 12z + 28) + 16y - 5z^3 + 39z^2 - 126z + 162$$
$$= -2y - 5z^3 + 33z^2 - 54z - 6$$

この -1 倍を
$$f_6 = 2y + 5z^3 - 33z^2 + 54z + 6$$
とおく．これで，もとの連立方程式は $f_2 = f_4 = f_6 = 0$ と変形できた．ここまで変形できれば，$f_6 = 0$ から $y = -5z^3/2 + 33z^2/2 - 27z - 3$ として y を z の式で表すことができるので，これを $f_4 = 0$ に代入すれば z のみの式が得られ，さらに f_2 に代入すれば x を z で表す式が得られる．これらをまとめると，

$$\begin{cases} 2x + 5z^3 - 33z^2 + 56z - 18 = 0 \\ 2y + 5z^3 - 33z^2 + 54z + 6 = 0 \\ 5z^4 - 48z^3 + 155z^2 - 180z + 38 = 0 \end{cases} \quad (1.5)$$

となる．第3式は z のみの式であるから，これを解いて z の値を求め，残りの式に代入すれば，x, y の値も得られるだろう．

式 (1.5) を導く式変形を眺めることが本節の目的であるが，少し補足をすれば，実は，式 (1.5) の第3式は
$$(z^2 - 4z + 1)(5z^2 - 28z + 38) = 0$$
と因数分解できる．したがって，z の値は2次方程式の解の公式から容易に求めることができる．求めた z の値を，第1式，第2式に代入すれば，x, y の値がそれぞれ求まる．細かい注意点だが，これらの代入のときにも，計算が簡単になるような置き換えを行うとよい．例えば $z = 2 \pm \sqrt{3}$ を代入するときには，$z^2 = 4z - 1$ の置き換え（言い換えれば $z^2 - 4z + 1$

での**割り算**）により，第 1 式と第 2 式を

$$\begin{aligned}
x &= -5z^3/2 + 33z^2/2 - 28z + 9 \\
&= (-5z/2 + 13/2)(z^2 - 4z + 1) + z/2 + 5/2, \\
y &= -5z^3/2 + 33z^2/2 - 27z - 3 \\
&= (-5z/2 + 13/2)(z^2 - 4z + 1) + 3z/2 - 19/2
\end{aligned}$$

と変形してから代入を行えば，計算が簡単になる．連立方程式の解をまとめると，複号同順で

$$(x, y, z) = \left\{ \left(\frac{7 \pm \sqrt{3}}{2}, \frac{-13 \pm 3\sqrt{3}}{2}, 2 \pm \sqrt{3} \right), \right.$$
$$\left. \left(4 \pm \sqrt{6}, \frac{-26 \pm 6\sqrt{6}}{5}, \frac{14 \pm \sqrt{6}}{5} \right) \right\}$$

となる． ∎

1.6 節では，以上で行った式変形が，グレブナー基底の計算アルゴリズム（Buchberger アルゴリズム）にほかならないことを確認する．実際，変形により得られた式 (1.5) の左辺の 3 つの多項式は，グレブナー基底，より正確には，「f_1, f_2, f_3 が生成するイデアルの，$x \succ y \succ z$ なる純辞書式順序の下でのグレブナー基底」である．これらの定義や用語の意味を理解することが，当面の目標である．

問題 1.2 の連立方程式 (1.2) も，同様なグレブナー基底の計算によって

$$\begin{cases}
x - y + z^2 - 13 = 0 \\
2y^2 + 18y - z^4 - 4z^3 + 4z^2 + 16z + 16 = 0 \\
yz - 2y - z^3 + 13z - 18 = 0 \\
z^5 + 2z^4 - 14z^3 - 8z^2 + 56z - 32 = 0
\end{cases} \quad (1.6)$$

と変形することができる．最後の式は，式 (1.3) の両辺に $(z - 2)$ を掛けたものであり，因数分解は確かに

$$(z-2)^2(z+4)(z^2+2z-2) = 0$$

となって，先ほど確認した解と一致することが分かる．式 (1.6) や式 (1.5) を，ガウスの消去法の前進消去で得られた式 (1.1) と見比べてみると，いずれも，z のみの式，z,y のみの式，z,y,x の式，という構造になっていて，連立 1 次方程式の係数行列の行階段形に似た変形になっていることが分かる．1.8 節では，このような構造が，グレブナー基底の重要な性質のひとつである**消去定理**により説明できることを学ぶ．

ここまで，連立方程式を題材に，グレブナー基底の直感的な導入を行った．グレブナー道場 [15] では，グレブナー基底は「連立方程式を解くときの魔法の裏技である」と述べられているが，その雰囲気が伝わっただろうか．連立方程式を効率的に解くための方法としてのグレブナー基底の有用性は，本章の最後，1.8 節で整理する．

1.2 多項式環のイデアル

それでは改めて，グレブナー基底の理論の舞台である，n 変数の多項式環を導入しよう．前節では，変数を表す文字として x, y, z を使っていたが，一般の n 変数は $x_1, \ldots, x_n$ で表し，$n = 2$ や 3 のときには，適宜 $x_1 = x, x_2 = y, x_3 = z$ などと書くことにする．変数 $x_1, \ldots, x_n$ の**単項式** (**monomial**) とは，変数の積

$$\prod_{i=1}^{n} x_i^{a_i} = x_1^{a_1} \cdots x_n^{a_n}$$

をいう．ただし $a_1, \ldots, a_n$ は非負整数とする．単項式に現れる変数の個数 $\sum_{i=1}^{n} a_i$ を，その単項式の次数という．単項式に係数をつけたものを項という．変数 $x_1, \ldots, x_n$ の有限個の項の和を，変数 $x_1, \ldots, x_n$ の**多項式** (**polynomial**) という．多項式 f に現れる単項式の次数の最大を，その多項式の次数といい，$\deg(f)$ と書く．これらの定義はおおむね高校数学

1.2 多項式環のイデアル

で学んでいるが，単項式と項の区別には注意しておこう．例えば

$$f = -5x_1^2 x_2 x_3^2 + \frac{2}{3} x_2 x_4^3 x_5^2 - x_3^3 - 7$$

は，4個の項，$-5x_1^2 x_2 x_3^2$, $\frac{2}{3} x_2 x_4^3 x_5^2$, $-x_3^3$, -7 からなる．次数 $\deg(f)$ が 6 の多項式で，f に現れる単項式は $x_1^2 x_2 x_3^2$, $x_2 x_4^3 x_5^2$, x_3^3, 1 の4個である．特に，1 は 0 個の変数の積とみなし，次数 0 の単項式と考える．

多項式を扱うときには，係数が，有理数，実数，複素数等のどの集合の元かを明記する．有理数全体の集合を $\mathbb{Q}$, 実数全体の集合を $\mathbb{R}$, 複素数全体の集合を $\mathbb{C}$ と，それぞれ表す．これらはいずれも，零で割ること以外の四則演算のできる集合であり，このような集合を**体 (field)** という（したがって，$\mathbb{Q}, \mathbb{R}, \mathbb{C}$ はそれぞれ，有理数体，実数体，複素数体とよばれる）．K をいずれかの体としたとき，K の元を係数とする n 変数 $x_1, \ldots, x_n$ の多項式の全体を $K[x_1, \ldots, x_n]$ と書く．例えば，$x_1^2 - \sqrt{2} x_2 x_3$ は $\mathbb{R}[x_1, x_2, x_3]$ の元であり，$2x_1^2 x_2 - \frac{2}{3} x_2 x_3^4 + 1$ は $\mathbb{Q}[x_1, x_2, x_3]$ の元である．

体 K を係数にもつ多項式の集合 $K[x_1, \ldots, x_n]$ の構造について考えよう．$K[x_1, \ldots, x_n]$ は，K 上のベクトル空間であると同時に，積についても閉じた集合である．つまり，$K[x_1, \ldots, x_n]$ に属する多項式 f, g について，その積 fg も $K[x_1, \ldots, x_n]$ の多項式となる．このように，加法と乗法を備えた集合のことを**環 (ring)** という（なお，商 f/g は多項式ではないので，$K[x_1, \ldots, x_n]$ は体ではない）．集合 $K[x_1, \ldots, x_n]$ を，体 K 上の n 変数**多項式環 (polynomial ring)** とよぶ．これは，集合 $K[x_1, \ldots, x_n]$ が環の構造をもつことを強調した呼び方である．

本書では，多項式の係数体 K は $\mathbb{R}, \mathbb{Q}, \mathbb{C}$ のいずれかであるとして，多項式環のグレブナー基底の理論を展開する．第 2 章の統計学への応用や，ソフトウェアによる計算では，必要に応じて $K = \mathbb{Q}$ などと限定することにする．

それでは，多項式環 $K[x_1, \ldots, x_n]$ の部分集合である，イデアルを導入しよう．筆者が，多項式環のイデアルについて最初にきちんと学んだのは，1999 年に行われた高山信毅教授（神戸大学大学院理学研究科）によ

る集中講義[1]であるが,当時のノートを見返すと,最初のページに「代数方程式系とはイデアルなり！」と書かれている．実際,代数方程式系,つまり,多項式の定める連立方程式について考察することは,イデアルの定義を理解するためのよい動機づけになる．そこで,前節の連立方程式の問題を思いだし,$K[x_1, \ldots, x_n]$ の元 $f_1(x_1, \ldots, x_n), \ldots, f_r(x_1, \ldots, x_n)$ をとり,連立方程式

$$\begin{cases} f_1(x_1, \ldots, x_n) = 0 \\ f_2(x_1, \ldots, x_n) = 0 \\ \quad \vdots \\ f_r(x_1, \ldots, x_n) = 0 \end{cases} \tag{1.7}$$

を考えよう．K の元の n 個の組からなる空間を,

$$K^n = \{(a_1, \ldots, a_n) \mid a_1, \ldots, a_n \in K\}$$

と書く．多項式 $f(x_1, \ldots, x_n) \in K[x_1, \ldots, x_n]$ の零点とは,K^n の元 $(a_1, \ldots, a_n)$ で,

$$f(a_1, \ldots, a_n) = 0$$

を満たすものをいう．連立方程式 (1.7) の解とは,r 個の多項式 $f_1, \ldots, f_r \in K[x_1, \ldots, x_n]$ のすべてについて零点である点の集合のことである．これを

$$\mathbf{V}(f_1, \ldots, f_r) = \{(a_1, \ldots, a_n) \in K^n \mid f_i(a_1, \ldots, a_n) = 0, \ i = 1, \ldots, r\}$$

と書き,$f_1, \ldots, f_r$ が定める（あるいは単に $f_1, \ldots, f_r$ の）**アフィン多様体 (affine variety)** とよぶ．前節の問題 1.3 は,実数体 $K = \mathbb{R}$ について,多項式

$$f_1 = x^2 + y^2 + 4z^2 - 90, \ f_2 = x - y + z - 12, \ f_3 = xz - 3y - 28$$

---

[1] 集中講義「計算機で代数方程式を解く (Solving Algebraic Equations with Computers)」．東京大学理学部情報科学科．1999 年 12 月 6 日〜10 日．

のアフィン多様体を求める問題であり，これが

$$\mathbf{V}(f_1, f_2, f_3) = \left\{ \left(\frac{7 \pm \sqrt{3}}{2}, \frac{-13 \pm 3\sqrt{3}}{2}, 2 \pm \sqrt{3} \right), \right.$$
$$\left. \left(4 \pm \sqrt{6}, \frac{-26 \pm 6\sqrt{6}}{5}, \frac{14 \pm \sqrt{6}}{5} \right) \right\} \quad \text{（複号同順）}$$

となることを確認したのだった．このときに行った演算を見直してみよう．まず，連立方程式 $f_1 = f_2 = f_3 = 0$ から，「$f_2 = 0$ を x について解いて f_3 に代入」することで，同値な連立方程式

$$\begin{cases} f_1 = x^2 + y^2 + 4z^2 - 90 = 0 \\ f_2 = x - y + z - 12 = 0 \\ f_4 = yz - 3y - z^2 + 12z - 28 = 0 \end{cases}$$

を導いた．この f_4 は，f_2 と f_3 から $f_3 - zf_2 = f_4$ という演算により導くことができる．これがもとの連立方程式と同値なことは，$f_2 = f_3 = 0$ であれば $f_4 = f_3 - zf_2 = 0$ であり，また，$f_2 = f_4 = 0$ のとき $f_3 = zf_2 + f_4 = 0$ であることから従う．さらに続けて，「$f_2 = 0$ を x について解いて f_1 に代入」し，その結果に「$f_4 = 0$ を yz について解いたものを代入」することで，同値な連立方程式

$$\begin{cases} f_2 = x - y + z - 12 = 0 \\ f_4 = yz - 3y - z^2 + 12z - 28 = 0 \\ f_5 = 2y^2 + 18y + 3z^2 - 2 = 0 \end{cases}$$

を導いた．この f_5 を導くための演算を整理すれば，

$$f_1 - (x + y - z + 12)f_2 + 2f_4 = f_5$$

と書くことができる．先ほどと同じように考えれば，これも依然として同値な連立方程式である．さらにここから，f_4 の yz と f_5 の $2y^2$ を打ち消すために $2yf_4 - zf_5$ を作って，$f_4 = 0$ を yz について解いた式と $f_5 = 0$ を y^2 について解いた式を代入し，最後に全体を -1 倍することで，

$$f_6 = 2y + 5z^3 - 33z^2 + 54z + 6$$

を得た．この f_6 を求めるための演算を整理すれば，

$$-1 \times (2yf_4 - zf_5 + 3f_5 + (2z-6)f_4 + 6f_4)$$
$$= (-2y - 2z)f_4 + (z-3)f_5 = f_6$$

となる．ここで，連立方程式として $f_5 = 0$ を省いてもよいか，つまり $f_4 = f_6 = 0$ から $f_5 = 0$ が常に成り立つかどうかは，それほど明らかではないので，念のため $f_5 = 0$ は残しておき，連立方程式を

$$\begin{cases} f_2 = x - y + z - 12 = 0 \\ f_4 = yz - 3y - z^2 + 12z - 28 = 0 \\ f_5 = 2y^2 + 18y + 3z^2 - 2 = 0 \\ f_6 = 2y + 5z^3 - 33z^2 + 54z + 6 = 0 \end{cases}$$

としておく．最後に，

$$f_7 = -2f_4 + (z-3)f_6 = 5z^4 - 48z^3 + 155z^2 - 180z + 38$$
$$f_8 = 2f_2 + f_6 = 2x + 5z^3 - 33z^2 + 56z - 18$$

として，最終的に連立方程式 $f_5 = f_6 = f_7 = f_8 = 0$ が導かれる．

以上の計算により，連立方程式を解くために行った「代入」や「ある項を打ち消す演算」が，すべて，**多項式の「多項式倍」と「足し合わせ」で表される**ことが確認できた．そこで，もとの連立方程式を定義する多項式（上の例では f_1, f_2, f_3）から，多項式倍の足し合わせにより得られるすべての多項式の集合に注目し，この集合を

$$\langle f_1, \ldots, f_r \rangle = \{h_1 f_1 + \cdots + h_r f_r \mid h_1, \ldots, h_r \in K[x_1, \ldots, x_r]\} \quad (1.8)$$

と書く．上の例で最終的に得られた f_5, f_6, f_7, f_8 は，すべて $\langle f_1, f_2, f_3 \rangle$ の元である．このことは，上で行った計算を逆にたどることで確認できることは明らかであろう．例えば，

1.2 多項式環のイデアル

$$f_6 = (-2y - 2z)f_4 + (z-3)f_5$$
$$= (-2y - 2z)f_4 + (z-3)\left(f_1 - (x+y-z+12)f_2 + 2f_4\right)$$
$$= (z-3)f_1 - (z-3)(x+y-z+12)f_2 + (-2y-6)f_4$$
$$= (z-3)f_1 - (z-3)(x+y-z+12)f_2 + (-2y-6)(f_3 - zf_2)$$
$$= (z-3)f_1 - ((z-3)(x+y-z+12) - z(2y+6))f_2$$
$$+ (-2y-6)f_3$$
$$\in \langle f_1, f_2, f_3 \rangle$$

という具合である.

多項式の集合 $\langle f_1, \ldots, f_r \rangle$ は,連立方程式 $f_1 = \cdots = f_r = 0$ を解くときに,多項式倍と足し合わせの式変形により現れうる,すべての多項式からなる集合である.逆に,もとの連立方程式は,$\langle f_1, \ldots, f_r \rangle$ のすべての元を $= 0$ とおいて得られる「無限元連立方程式」と同値,つまり,同じ解の集合(アフィン多様体)をもつ.このことを確認するために,

$$\mathbf{V}(\langle f_1, \ldots, f_r \rangle)$$
$$= \{(a_1, \ldots, a_n) \in K^n \mid f(a_1, \ldots, a_n) = 0, \forall f \in \langle f_1, \ldots, f_r \rangle\}$$

と定義[2]して,これが $\mathbf{V}(f_1, \ldots, f_r)$ と等しいことを確認しよう.まず,$\{f_1, \ldots, f_r\} \subset \langle f_1, \ldots, f_r \rangle$ であるから,$\mathbf{V}(\langle f_1, \ldots, f_r \rangle) \subset \mathbf{V}(f_1, \ldots, f_r)$ である.逆の包含関係を示すために,$(a_1, \ldots, a_r) \in \mathbf{V}(f_1, \ldots, f_r)$ とする.$\mathbf{V}(\langle f_1, \ldots, f_r \rangle)$ の任意の元 f について,定義よりこの f は,ある $h_1, \ldots, h_r \in K[x_1, \ldots, x_n]$ により $f = h_1 f_1 + \cdots + h_r f_r$ と書けるので,

$$f(a_1, \ldots, a_r) = \sum_{i=1}^r h_i(a_1, \ldots, a_r) \underbrace{f_i(a_1, \ldots, a_r)}_{=0} = 0$$

となり,$(a_1, \ldots, a_r) \in \mathbf{V}(\langle f_1, \ldots, f_r \rangle)$ が示される.以上から,$\mathbf{V}(\langle f_1, \ldots, f_r \rangle) = \mathbf{V}(f_1, \ldots, f_r)$ が示された.

---

[2] $\forall f \in \langle f_1, \ldots, f_r \rangle$ は「$f \in \langle f_1, \ldots, f_r \rangle$ なる任意の f に対して」の意味.以降も同様とする.

さて，上で定義した多項式の集合 $\langle f_1,\ldots,f_r\rangle$ は，多項式環のイデアルの重要な例であり，このことが，先ほどの「代数方程式系とはイデアルなり！」の意味（気持ち？）である．イデアルを定義しよう．

定義 1.1
多項式環 $K[x_1,\ldots,x_n]$ の空でない部分集合 I が $K[x_1,\ldots,x_n]$ の**イデアル (ideal)** であるとは，以下の2条件を満たすことをいう．
- $f\in I, g\in I$ ならば $f+g\in I$
- $f\in I, h\in K[x_1,\ldots,x_n]$ ならば $hf\in I$.

イデアルの扱いに慣れるため，$I=\langle f_1,\ldots,f_r\rangle\subset K[x_1,\ldots,x_n]$ がイデアルであることを確認しよう．まず，任意の $f,g\in I$ は，ある $h_1,\ldots,h_r, h'_1,\ldots,h'_r\in K[x_1,\ldots,x_n]$ を用いて

$$f=h_1f_1+\cdots+h_rf_r, \quad g=h'_1f_1+\cdots+h'_rf_r$$

と書けて，その和は

$$f+g=(h_1+h'_1)f_1+\cdots+(h_r+h'_r)f_r$$

となる．ここで $h_i+h'_i\ (i=1,\ldots,r)$ は $K[x_1,\ldots,x_n]$ の元である（多項式環は和について閉じている）から，$f+g$ は I の元である．また，$f\in I$ に任意の多項式 $h\in K[x_1,\ldots,x_n]$ を掛けたものは

$$hf=(hh_1)f_1+\cdots+(hh_r)f_r$$

となり，ここで $hh_i\ (i=1,\ldots,r)$ も $K[x_1,\ldots,x_n]$ の元である（多項式環は積についても閉じている）から，hf も I の元である．これで $I=\langle f_1,\ldots,f_r\rangle$ が多項式環 $K[x_1,\ldots,x_n]$ のイデアルであることが確認できた．

イデアル $\langle f_1,\ldots,f_r\rangle$ は，有限個の多項式 $\{f_1,\ldots,f_r\}$ から定義される自然なイデアルであるが，イデアルが常にこのような形で書けるかどうかは自明ではなく，これを確認することが次の重要なテーマである．論点を明確にするために，先ほど定義したイデアル $\langle f_1,\ldots,f_r\rangle$ を拡張し

て，多項式環 $K[x_1, \ldots, x_n]$ の（有限個とは限らない）空でない部分集合 $\{f_\lambda \mid \lambda \in \Lambda\}$ に対する，有限和

$$\sum_{\lambda \in \Lambda} h_\lambda f_\lambda, \quad h_\lambda \in K[x_1, \ldots, x_n]$$

の全体からなる集合を考えよう．ここでの有限和とは，上式の和における $\{h_\lambda \mid \lambda \in \Lambda\}$ は有限個を除いて 0 であるという意味である．すると，この集合もやはりイデアルになることを示すのは容易であろう．このイデアルを，$\{f_\lambda \mid \lambda \in \Lambda\}$ が**生成する**イデアルとよび，

$$\langle \{f_\lambda \mid \lambda \in \Lambda\} \rangle$$

と書く．逆に，任意のイデアル $I \subset K[x_1, \ldots, x_n]$ について，$I = \langle \{f_\lambda \mid \lambda \in \Lambda\} \rangle$ となるような $K[x_1, \ldots, x_n]$ の部分集合 $\{f_\lambda \mid \lambda \in \Lambda\}$ は必ず存在する（例えば，$\{f_\lambda \mid \lambda \in \Lambda\}$ を I 自身とすれば条件を満足する）．この部分集合を I の**生成系**とよぶ．式 (1.8) で定義したイデアル $\langle f_1, \ldots, f_r \rangle$ は，有限個の多項式の集合 $\{f_1, \ldots, f_r\}$ が生成するイデアルであり，$\langle \{f_1, \ldots, f_r\} \rangle$ を改めて $\langle f_1, \ldots, f_r \rangle$ と書き直したものである．このような，有限個の多項式からなる生成系をもつイデアルを，**有限生成なイデアル**という．

以上で導入したイデアルに関して，2 つの基本的な問題を与える．

- 任意に与えられたイデアル $I \subset K[x_1, \ldots, x_n]$ が，常に有限生成なイデアルかどうか，つまり，

$$I = \langle f_1, \ldots, f_r \rangle \tag{1.9}$$

と書けるような有限個の要素からなる多項式の集合 $\{f_1, \ldots, f_r\}$ が必ず存在するか，また，それをどのように求めるか．この問題を，**イデアル記述問題**とよぶ．
- イデアル I と多項式 f が与えられたとき，f が I の元であるかどうかを判定できるか．この問題を，**イデアル所属問題**とよぶ．

イデアル記述問題のうち，有限生成性についての答えは YES であり，具

体的には 1.5 節の Hilbert の基底定理から従う．つまり，多項式環のイデアルとは，式 (1.9) の形で書けるものしか存在しない．これまでに見てきた，連立方程式から構成されるイデアルでは，はじめから生成系によりイデアルを定義しているので，イデアル記述問題は考える必要がなかった．しかし，第 2 章では実験計画法の枠組みでイデアルを定義して，その生成系（グレブナー基底）を求める．さらに第 2 章では，イデアル所属問題が，統計モデルの母数の推定可能性（識別可能性）と直接的な関係があることを学ぶ．イデアル記述問題，イデアル所属問題のいずれも，実際に生成系を求めたり，所属判定を行うためには，**グレブナー基底**の計算が必要となる．グレブナー基底は，イデアルの生成系のうち「性質のよい」生成系であり，私たちはすでに，連立方程式の問題でそのことを眺めている．すなわち，問題 1.3 で考えた連立方程式 $f_1 = f_2 = f_3 = 0$ を解くために，$\{f_1, f_2, f_3\}$ で生成されるイデアル $I = \langle f_1, f_2, f_3 \rangle$ を考え，イデアル I の別な生成系 $\{f_5, f_6, f_7, f_8\}$ を求めたが，これは実はグレブナー基底のひとつであり，連立方程式を解きやすいという意味で，性質のよい生成系である．グレブナー基底は，連立方程式を効率的に解くだけでなく，あるベクトル空間の次元の数え上げや，基底の構築に有効であり，第 2 章はこれらの理論にもとづく内容である．

1 変数の多項式環 $K[x]$ のイデアルについての，イデアル記述問題とイデアル所属問題は，いずれも高校数学の範囲で解くことができる．以下でこれを確認しておこう．鍵となるのは，**多項式の割り算**である．高校数学で馴染みのある問題から始める．

> **問題 1.4** $f(x) = x^4 + 2x^3 - x^2 + 4x - 1$ を $g(x) = x^2 - 3x + 1$ で割った商と余りを求めよ．

高校数学を思い出して筆算をすると，

$$\begin{array}{r}
x^2+5x+13\\
x^2-3x+1\overline{\smash{)}x^4+2x^3-x^2+4x-1}\\
\underline{x^4-3x^3+x^2}\\
5x^3-2x^2+4x-1\\
\underline{5x^3-15x^2+5x}\\
13x^2-x-1\\
\underline{13x^2-39x+13}\\
38x-14
\end{array}$$

となる．したがって，商は $x^2+5x+13$ で余りは $38x-14$ である．

この割り算で得られたのは，

$$f(x) = (x^2+5x+13)g(x) + 38x - 14$$

という変形であり，これが 1 変数の多項式の割り算の例である．一般的に書くと，多項式 $f(x)$ を $g(x)$ で割り算するとは，

$$f(x) = q(x)g(x) + r(x) \tag{1.10}$$

となる商 $q(x)$ と余り $r(x)$ を求めることである．ただし，

$$r(x) = 0 \quad \text{または} \quad \deg(r(x)) < \deg(g(x)) \tag{1.11}$$

であり，条件を満足する $q(x)$ と $r(x)$ は一意的に存在する．

上の割り算において，「$g(x) = x^2 - 3x + 1$ で割る」とは「x^2 を $g(x) + 3x - 1$ に**置き換える演算**を繰り返す」ことであることに注目しよう．つまり，まず $f(x)$ の最高次数の項 x^4 を

$$x^4 = x^2 \cdot x^2 = x^2(g(x) + 3x - 1)$$

と置き換えて，

$$f(x) = x^2 g(x) + \underbrace{5x^3 - 2x^2 + 4x - 1}_{=r(x)}$$

と式 (1.10) の形にまとめる．そして式 (1.11) の条件が成立するかをチェックする．ここでは条件を満足しないので，さらに $r(x)$ の最高次数の項 $5x^3$ を

$$5x^3 = 5x \cdot x^2 = 5x(g(x) + 3x - 1)$$

と置き換えて，

$$f(x) = (x^2 + 5x)g(x) + \underbrace{13x^2 - x - 1}_{=r(x)}$$

とまとめる．以下，同様に繰り返す．これを筆算の横に並べて書くと，

$$
\begin{array}{r}
x^2 + 5x + 13 \\
x^2 - 3x + 1 \,\overline{)\, x^4 + 2x^3 - x^2 + 4x - 1} \\
\underline{x^4 - 3x^3 + x^2} \\
5x^3 - 2x^2 + 4x - 1 \\
\underline{5x^3 - 15x^2 + 5x} \\
13x^2 - x - 1 \\
\underline{13x^2 - 39x + 13} \\
38x - 14
\end{array}
$$

$$
\begin{aligned}
&x^4 + 2x^3 - x^2 + 4x - 1 \\
&= x^2(g + 3x - 1) + 2x^3 - x^2 + 4x - 1 \\
&= x^2 g + 5x^3 - 2x^2 + 4x - 1 \\
&= x^2 g + 5x(g + 3x - 1) - 2x^2 + 4x - 1 \\
&= (x^2 + 5x)g + 13x^2 - x - 1 \\
&= (x^2 + 5x)g + 13(g + 3x - 1) - x - 1 \\
&= (x^2 + 5x + 13)g + 38x - 14
\end{aligned}
$$

となる．最後の $38x - 14$ は式 (1.11) の条件を満足しており，これ以上置き換えができない．したがって，これが余りとなり，割り算は終了する．

1 変数の多項式の割り算を使うことで，1 変数の多項式環のイデアルの構造が解明できる．いま，1 変数の多項式環 $K[x]$ のイデアルを $I \subset K[x]$ とする[3]．この I の元のうち，次数が最小のものに注目し，そのうちの一つを $g \in I$ とする．そして，I の任意の元 $f \in I$ について，f を g で割り算する．するとやはり，

---

[3] 厳密には，$I \subset K[x]$ は「0 と異なる元を含むイデアル」と書くべきであるが，省略する．以降も同様とする．同様に，「0 と異なる多項式 f」などの条件も，明らかな場合は省略する．また，定義 1.1 では「空でない部分集合 I」という表現を使ったが，このような条件も明らかな場合は今後は省略する．本書はこのように，数学的にはやや厳密性を欠く入門書であることをお許し願いたい．

$$f = qg + r,$$
ただし $r = 0$ または $\deg(r) < \deg(g)$

を満足する商 $q \in K[x]$ と余り $r \in K[x]$ が一意的に定まる．ここで，$f, g \in I$ であったので，$r = f - qg$ もまた，イデアル I の元である．この r は，「$r = 0$」あるいは「$\deg(r) < \deg(g)$」のいずれかを満足するが，g は I の元のうち次数が最小のものと定めていたので，$r = 0$ でなければならない．つまり，I の任意の元 f は，$f = qg$ と書けることが分かった．したがって，I は g により生成され，

$$I = \{qg \mid q \in K[x]\} = \langle g \rangle \tag{1.12}$$

と書ける．これが，1 変数の多項式環のイデアルの，イデアル記述問題の解である．このように，ただ一つの多項式からなる生成系をもつイデアルを，**単項イデアル (principal ideal)** とよぶ．上で見たように，1 変数の多項式環のイデアルは，すべて単項イデアルである．また，イデアル所属問題，つまり，任意に与えた $f \in K[x]$ が $I = \langle g \rangle$ の元であるかどうかを判定するには，f が I の生成系 g，つまり I の元のうち次数が最小である g の，多項式倍になっているかを確認すればよい．つまり

$$f \in I = \langle g \rangle \iff \exists q \in K[x], \ f = qg \tag{1.13}$$

である[4]．

ちなみに，式 (1.12) と式 (1.13) における「次数が最小の I の元 g」は，定数倍を除いて一意的に定まる．つまり，次数が最小の I の元の集合は，g の定数倍として

$$\{cg \mid c \in K\}$$

と書ける．このことを，証明の代わりに例で確認しておこう．いま，I の元の最小次数が 3 であるとし，

---

[4] $\exists q \in K[x]$ は，「$q \in K[x]$ なる，ある q について」の意味．以降も同様とする．

$$g = x^3 + 2x^2 - x + 1 \in I$$

としよう．また，g の定数倍でない 3 次のほかの多項式，例えば $g' = x^3 - x^2 - 3$ も，I の元であると仮定する．すると，イデアルの定義より（あるいは，イデアルが K 上のベクトル空間であることより），

$$g - g' = 3x^2 - x + 4$$

も I の元でなければならない．これは 2 次の多項式であるから，I の元の最小次数が 3 であることに矛盾する．このように考えれば，任意の 1 変数イデアル I について，次数最小の元が定数倍を除いて一意的でないと仮定すると，それらの K-線型結合で，より次数が小さい I の元を作ることが必ずできるので，矛盾となることが分かる．

以上，1 変数の多項式環のイデアルは，単項イデアルという非常にシンプルな構造のものしかないことが分かった．しかし，変数の数が 2 以上の場合は，これは成り立たない．次節はまず，変数の数が 2 以上の場合のうち，単項式イデアルという特別な場合について，それが有限生成であることを示し，イデアル記述問題とイデアル所属問題の解を与える．

1.3 単項式イデアルと Dickson の補題

この節では，前節で与えたイデアル記述問題とイデアル所属問題を，単項式イデアルという特別な場合について考える．単項式イデアルの定義は以下である．

定義 1.2

単項式からなる生成系をもつイデアルを**単項式イデアル** (monomial ideal) とよぶ．

この定義は，単項式イデアルの生成系が必ず単項式の集合になる，とはいっていない．例えば，$I = \langle x_1^2, x_2^3 \rangle \subset K[x_1, x_2]$ は単項式イデアルだが，このイデアルは $I = \langle x_1^2, x_1^2 + x_2^3 \rangle = \langle 2x_1^2 - x_2^3, x_2^3 \rangle$ などと書くこともで

1.3 単項式イデアルと Dickson の補題

きる．一般に，同じイデアルを生成する生成系はいくつもあり，その中に単項式のみからなる生成系が存在するものが，単項式イデアルである．

単項式イデアルについて考えるために，変数 $x_1,\ldots,x_n$ の単項式全体の集合

$$M_n = \left\{ \prod_{i=1}^{n} x_i^{a_i} \;\middle|\; a_1,\ldots,a_n \text{ は非負整数} \right\}$$

を用意する．M_n の元は，ベキの $a_1,\ldots,a_n$ を明記する必要がないときには，$\prod_{i=1}^{n} x_i^{a_i}$ と書く代わりに，簡単に文字 u,v,w などで表すことにする．イデアル $I \subset K[x_1,\ldots,x_n]$ が単項式イデアルとは，M_n の（必ずしも有限でない）部分集合 $M \subset M_n$ があって，$I = \langle \{u \mid u \in M\} \rangle$ と書ける，という意味である．なお，単項式イデアルは，前節で出てきた単項イデアルとは全く異なる概念である．英語では，単項イデアルは principal ideal，単項式イデアルは monomial ideal であるので，混乱は少ないが，日本語ではやや紛らわしい．

それでは，単項式イデアルの構造について考えよう．まず，有限生成な単項式イデアルの例，$I = \langle xy^5, x^4y^3, x^6 \rangle \subset K[x,y]$ を考える．ここでは，$x_1 = x, x_2 = y$ とおいており，M_2 の有限な部分集合 $\{xy^5, x^4y^3, x^6\}$ が I の生成系となっている．生成系の定義を思い出せば，この単項式イデアルの元 $f \in I$ は，

$$f = h_1 xy^5 + h_2 x^4 y^3 + h_3 x^6, \quad h_1, h_2, h_3 \in K[x,y]$$

と書くことができ，逆に，このように書ける多項式（または単項式）をすべて集めた集合が I である．この I の元を特徴づけたい．そのためにまず，I の元となる単項式について考えよう．例えば，$xy^7 = y^2(xy^5)$ であるから，($h_1 = y^2, h_2 = h_3 = 0$ とおけば）単項式 xy^7 は I の元である．また，$x^7 = x \cdot x^6$ であるから，($h_1 = h_2 = 0, h_3 = x$ とおけば）単項式 x^7 も I の元である．このように，生成系の元の単項式のいずれかで割り切れる単項式は，すべて I の元である．逆に，ある単項式 $u \in M_2$ があっ

て，これがイデアル I の元であるとしよう．すると，$h_1, h_2, h_3 \in K[x,y]$ があって

$$u = h_1 xy^5 + h_2 x^4 y^3 + h_3 x^6$$

と書けるはずである．右辺の多項式 h_1, h_2, h_3 は，M_2 の単項式の K-線型結合なので，分解してまとめると，

$$u = (K[x,y] \text{ の元}) \times xy^5 + (K[x,y] \text{ の元}) \times x^4 y^3 + (K[x,y] \text{ の元}) \times x^6$$

となる．右辺には一見，3 個（以上）の項があるように見えるが，左辺が単項式である以上，右辺に残っているのはただ一つの単項式である．そしてその単項式は，$\{xy^5, x^4 y^3, x^6\}$ のいずれかで割り切れることが分かる．以上の議論を，単項式の（必ずしも有限とは限らない）集合 $\{u_\lambda \mid \lambda \in \Lambda\} \subset M_n$ で生成される一般の単項式イデアルに拡張するのは容易である．つまり，単項式イデアル $\langle \{u_\lambda \mid \lambda \in \Lambda\} \rangle$ の元である単項式 u は

$$u = \sum_{\lambda \in \Lambda} g_\lambda u_\lambda, \quad g_\lambda \in K[x_1, \ldots, x_n]$$

と表すことができ，この右辺を展開して得られる項のうち係数が 0 でないものはただ一つであり，その項（単項式）はいずれかの u_λ ($\lambda \in \Lambda$) で割り切れる．これで，単項式イデアルの元である単項式の特徴づけが得られた．

補題 1.1

$I = \langle \{u \mid u \in M\} \rangle$ を $K[x_1, \ldots, x_n]$ の単項式イデアルとすると，単項式 $v \in M_n$ が I の元であるための必要十分条件は，ある単項式 $u \in M$ が v を割り切ることである．

ここで，単項式 $u = x_1^{a_1} \cdots x_n^{a_n}$ が単項式 $v = x_1^{b_1} \cdots x_n^{b_n}$ を割り切るとは，$a_i \leq b_i$ がすべての $i = 1, \ldots, n$ について成り立つ，という意味であり，すでに何度か使っている表現の「v は u で割り切れる」と同じ意味である．

2 変数の場合であれば，単項式 $x^a y^b$ のベキを平面上の点 (a, b) に対応

1.3 単項式イデアルと Dickson の補題

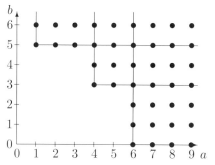

図 1.1 単項式イデアル $\langle xy^5, x^4y^3, x^6 \rangle$ に含まれる単項式 ($x^a y^b \leftrightarrow (a,b)$)

させることにより，単項式イデアルの元であるすべての単項式を図示することができる．これは，生成系の各元に対応する点に原点をずらした第1象限を考え，それらの和集合に含まれる格子点全体に対応する単項式となる．例えば，上で考えた単項式イデアル $\langle xy^5, x^4y^3, x^6 \rangle$ の元となる単項式は，図 1.1 の黒丸に対応する単項式である．

次に，単項式イデアル I の元となる多項式 $f \in I$ を特徴づけよう．先ほどと同様に，単項式イデアル $I = \langle \{u_\lambda \mid \lambda \in \Lambda\} \rangle$ の元である多項式 f を

$$f = \sum_{\lambda \in \Lambda} g_\lambda u_\lambda, \quad g_\lambda \in K[x_1, \ldots, x_n]$$

と表し，右辺に含まれる単項式を考える．すると，それらはすべて，いずれかの u_λ ($\lambda \in \Lambda$) で割り切れる，つまり I の元である単項式であることが分かる．逆に，単項式イデアル I の元である単項式を任意に選び，それらの K-線型結合として多項式 f を作れば，f が I の元となることはイデアルの定義より従う．以上により，単項式イデアルの元となる多項式の特徴づけが得られた．

補題 1.2

I を $K[x_1, \ldots, x_n]$ の単項式イデアルとし，$f \in K[x_1, \ldots, x_n]$ とする．このとき，次の 3 つは互いに同値である．

(i) $f \in I$.
(ii) f のすべての項は I に属する.
(iii) f は I の単項式の K-線型結合である.

補題 1.1 と補題 1.2 は,単項式イデアルについて,イデアル所属問題の解を与える.つまり,与えられた多項式 f が単項式イデアル $I = \langle \{u \mid u \in M\} \rangle$ に含まれるかどうかの判定は,f に含まれる単項式を見ればよい.f に含まれるすべての単項式が,それぞれ,いずれかの M の元で割り切れることが,f が I の元であるための必要十分条件である.

次に,単項式イデアルのイデアル記述問題を考える.補題 1.2 から,単項式イデアルは,それに含まれる単項式の集合により決定されることが分かる.つまり,2 つの単項式イデアルが同じであることは,それらに含まれる単項式の集合が一致することと同値である.そこで,いま,M_n の集合 $M \subset M_n$ から生成される $K[x_1, \ldots, x_n]$ の単項式イデアル $I = \langle \{u \mid u \in M\} \rangle$ について,M の部分集合 M' で同じ単項式イデアルの生成系となるもの,つまり $I = \langle \{u \mid u \in M'\} \rangle$ となるものを考える.このような M' は,M から「生成系となるために不要な元」を取り除くことで得られる.例えば,$u \in M$ として,u が割り切る単項式が M に含まれていれば,それらはすべて u から生成することができる(補題 1.1)ので,不要な元である.逆に,単項式イデアルの生成系であるために,取り除くことができない元とは,以下の定義で特徴づけられるものである.

定義 1.3

集合 M_n の空でない部分集合 M に対して,$u \in M$ が M の**極小元**であるとは,任意の $v \in M$ について,条件「v が u を割り切るならば $v = u$ である」が成立することをいう.

上で述べたことをまとめておこう.

補題 1.3

単項式イデアル $I = \langle \{u \mid u \in M\} \rangle$ について,M のすべての極小元からなる集合は I の生成系となる.

証明 M のすべての極小元からなる集合を $\widetilde{M}$ とおき，$I_0 = \left\langle \{u \mid u \in \widetilde{M}\} \right\rangle$ とおく．このとき $\widetilde{M} \subset M$ より $I_0 \subset I$ は自明である．逆を示すために $f \in I$ とすると，生成系の定義より，

$$f = \sum_{u \in M} g_u u, \quad g_u \in K[x_1, \ldots, x_n]$$

と書ける．ただし $\{g_u \mid u \in M\}$ は，有限個を除いて 0 である．ここで，$\widetilde{M}$ の定義より，$g_u \neq 0$ となる u について，u を割り切る単項式を $\widetilde{M}$ から選ぶことができるので，これを $v_u \in \widetilde{M}$ とおく．$h_u = g_u(u/v_u)$ とおくと，$h_u \in K[x_1, \ldots, x_n]$ で，$\{h_u \mid u \in M\}$ は有限個を除いて 0 であり，

$$f = \sum_{u \in M} h_u v_u$$

と書くことができる．この右辺を $v \in \widetilde{M}$ についてまとめて

$$f = \sum_{v \in \widetilde{M}} h_v^* v$$

と書けば，$h_v^* \in K[x_1, \ldots, x_n]$ であり，やはり $\{h_v^* \mid v \in \widetilde{M}\}$ は有限個を除いて 0 となるから，$f \in I_0$ が示された． □

例として，単項式イデアル $I = \langle xy^5, x^4y^3, x^6 \rangle$ に含まれるすべての単項式（図 1.1）の極小元は，$\{xy^5, x^4y^3, x^6\}$ である．有限個の単項式の集合の極小元の例として，図 1.2 に示される 18 個の単項式，つまり

$$xy^5, \quad xy^6, \quad x^2y^6, \quad x^4y^3, \quad x^4y^4, \quad x^5y^4,$$
$$x^5y^5, \quad x^6, \quad x^6y^3, \quad x^6y^5, \quad x^7y, \quad x^7y^3,$$
$$x^7y^4, \quad x^7y^5, \quad x^9, \quad x^9y^3, \quad x^9y^5, \quad x^9y^6$$

を考えると，この集合の極小元も，やはり $\{xy^5, x^4y^3, x^6\}$ である．このような，「図 1.1 の黒丸に対応する単項式の部分集合で xy^5, x^4y^3, x^6 を含むもの」は，いずれも極小元は $\{xy^5, x^4y^3, x^6\}$ であり，すべて同じ I の生成系となる．

以上の議論により，単項式イデアルが有限生成であることを示すために

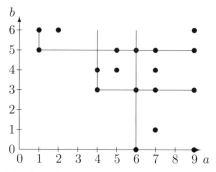

図 1.2 $\{xy^5, x^4y^3, x^6\}$ が極小元となる単項式の集合 M の例 ($x^ay^b \leftrightarrow (a,b)$)

は，単項式の任意の集合の極小元が高々有限個であることを示せばよいことが分かった．これを保証する定理が，本節の主結果である Dickson の補題である．

定理 1.1　（**Dickson の補題**）

空でない単項式の任意の集合 $M \subset M_n$ の極小元は高々有限個である．

Dickson の補題は，組合せ論の古典的な結果であり，数学的帰納法により証明できる．証明の方針は，与えられた単項式の集合 M の有限な部分集合で，M の極小元をすべて含むものを具体的に構成する，というものである．

証明　変数の数 n に関する数学的帰納法を使う．$n=1$ のとき，空でない任意の $M \subset M_1$ の極小元はただ一つであり，M に属する次数の最も小さい単項式が唯一の極小元となる．

$n>1$ として，$n-1$ 変数までは定理が成立すると仮定する．変数 x_n を y とおく．まず，M_{n-1} の単項式 u で，$uy^b \in M$ となる $b \geq 0$ が存在するものの集合を

$$N = \{u \in M_{n-1} \mid \exists b \geq 0, uy^b \in M\}$$

と定める．N は空でない集合である．数学的帰納法の仮定から，N の極小元は高々有限個であり，これらを $u_1, \ldots, u_s$ とおく．このとき N の定

義から，それぞれの u_i について $u_i y^b \in M$ となる $b \geq 0$ が存在するので，そのうちの最小のものを b_i とおく．さらに，$b_1, \ldots, b_s$ の中で最大のものを b^* とおく．次に，$0 \leq c < b^*$ なるそれぞれの c について，N の部分集合 N_c を

$$N_c = \{u \in N \mid uy^c \in M\}$$

と定める．空であるものは無視して，空でない N_c に注目すると，数学的帰納法の仮定から，N_c の極小元は高々有限個であり，これらを $u_1^{(c)}, \ldots, u_{s_c}^{(c)}$ とおく．このとき，M に属する任意の単項式は，次のいずれかの単項式で割り切れる．

$$\begin{array}{ccc} u_1 y^{b_1}, & \ldots, & u_s y^{b_s} \\ u_1^{(0)}, & \ldots, & u_{s_0}^{(0)} \\ u_1^{(1)} y, & \ldots, & u_{s_1}^{(1)} y \\ & \vdots & \\ u_1^{(b-1)} y^{b-1}, & \ldots, & u_{s_{b-1}}^{(b-1)} y^{b-1} \end{array} \quad (1.14)$$

実際，M の任意の単項式を $uy^e \in M, u \in M_{n-1}$ と書くと，まず，N の定義から $u \in N$ であるので u は $u_1, \ldots, u_s$ のいずれかで割り切れ，したがって $e \geq b^*$ であるなら uy^e は $u_1 y^{b_1}, \ldots, u_s y^{b_s}$ のいずれかで割り切れる．$0 \leq e < b^*$ のときは，N_e の定義から $u \in N_e$ であるので，u は $u_1^{(e)}, \ldots, u_{s_e}^{(e)}$ のいずれかで割り切れ，したがって uy^e は $u_1^{(e)} y^e, \ldots, u_{s_e}^{(e)} y^e$ のいずれかで割り切れる．以上より，M の極小元の集合は上記の有限個の単項式の集合に含まれる．したがって，M の極小元の個数は高々有限個である． □

証明の中で定義された N は，単項式の集合 M に含まれるすべての単項式について，y を無視した（不定元 y に 1 を代入した，とみてもよい）M_{n-1} の単項式を集めた集合であり，M の M_{n-1} への「射影」と考えることができる．また N_c は，M の元のうち y のベキが y^c となるものについて，同様の M_{n-1} への射影を考えたものであり，M の y^c をもつ単項

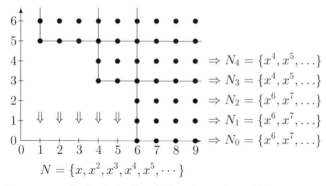

図 1.3 $M = \langle xy^5, x^4y^3, x^6 \rangle$ の射影 N とスライスの射影 $N_0, \ldots, N_4$

式の「スライス」の M_{n-1} への射影，と考えることができる．証明の中の数学的帰納法の手順を，以下の例で確認する．

【例 1.1】 図 1.1 で表される，単項式イデアル $\langle xy^5, x^4y^3, x^6 \rangle$ に含まれるすべての単項式の集合を M として，Dickson の補題の証明の手順にもとづき M の極小元を含む集合を求める．まず，M の M_1 への射影 N は，

$$N = \{x, x^2, x^3, \ldots\}$$

であり，この極小元は $u_1 = x$ である．$b \geq 5$ であれば $xy^b \in M$ となるので，$b_1 = 5$ であり，同時に $b^* = 5$ となる．次に，$0 \leq c < 5 = b^*$ に対して，スライスの射影 N_c を求めれば，それぞれ，

$$N_0 = N_1 = N_2 = \{x^6, x^7, \ldots\},$$
$$N_3 = N_4 = \{x^4, x^5, \ldots\}$$

となる．これらの極小元は

$$u_1^{(0)} = u_1^{(1)} = u_1^{(2)} = x^6,$$
$$u_1^{(3)} = u_1^{(4)} = x^4$$

である（図 1.3）．

したがって，式 (1.14) の単項式の集合は

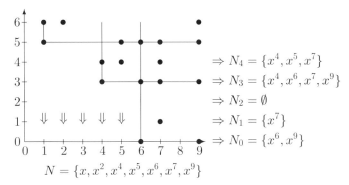

図 1.4 図 1.2 で表される 18 個の単項式の集合の射影 N とスライスの射影 $N_0, \ldots, N_4$

$$xy^5, \ x^6, \ x^6y, \ x^6y^2, \ x^4y^3, \ x^4y^4$$

となる．実際の極小元は $\{xy^5, x^4y^3, x^6\}$ であるので，上の集合は確かにすべての極小元を含む．これで題意が確認された．

【例 1.2】 単項式の有限集合の例として，図 1.2 で表される 18 個の単項式の集合 M について，その極小元を含む集合を，Dickson の補題の証明の手順にもとづき求める．まず，M の M_1 への射影 N は，

$$N = \{x, x^2, x^4, x^5, x^6, x^7, x^9\}$$

であり，この極小元は $u_1 = x$ である．$xy^5, xy^6 \in M$ であるから $b_1 = 5 = b^*$ である．次に，$0 \leq c < 5 = b^*$ に対して，スライスの射影 N_c を求めれば，それぞれ，

$$N_0 = \{x^6, x^9\}, \quad N_1 = \{x^7\}, \quad N_2 = \emptyset,$$
$$N_3 = \{x^4, x^6, x^7, x^9\}, \quad N_4 = \{x^4, x^5, x^7\}$$

となり，これらの極小元は

$$u_1^{(0)} = x^6, \quad u_1^{(1)} = x^7, \quad u_1^{(3)} = u_1^{(4)} = x^4$$

である．N_2 は空集合であるので $u_1^{(2)}$ は考えない（図 1.4）．

したがって，式 (1.14) の単項式の集合は

$$xy^5, \ x^6, \ x^7y, \ x^4y^3, \ x^4y^4$$

となる．これも確かに実際の極小元 $\{xy^5, \ x^4y^3, \ x^6\}$ を含むことが確認された．

【例 1.3】 最後にやや人工的な例であるが，M_3 の単項式の集合を

$$M = \{x_1^{a_1} x_2^{a_2} y^b \mid a_1 + 2a_2 + 3b \geq 10, \ a_1 + a_2 + 2b \geq 7, \ a_1, a_2, b \geq 0\}$$

と定義して，数学的帰納法の $n = 3$ のステップを確認する．まず，M の M_2 への射影 N を求める．これは，y の次数が 4 以上であれば，x_1, x_2 のすべての単項式が M に含まれることから，$N = M_2$ である．特に，次数 0 の単項式 $1 \in M_2$ が N に含まれ，これが N の極小元となる．このことより

$$u_1 = 1, \ b_1 = 4 \ (= b^*)$$

を得る．次に，スライスの射影 N_0, N_1, N_2, N_3 を，単項式 $x_1^{a_1} x_2^{a_2}$ を点 (a_1, a_2) に対応させて表示すると，図 1.5 となる．

$c = 0, 1, 2, 3$ のそれぞれについて，N_c の極小元は，境界

$$a_1 + 2a_2 = 10 - 3c, \ a_1 + a_2 = 7 - 2c$$

上の点に対応する単項式である．実際，N_c のすべての単項式は，この境界上の点に原点を移動した第 1 象限のいずれかに含まれる．$N_0, \ldots, N_3$ の極小元の個数は順に

$$s_0 = 8, \ s_1 = 6, \ s_2 = 4, \ s_3 = 2$$

であり，極小元を具体的に書けば，

$$u_1^{(0)} = x_2^7, \quad u_2^{(0)} = x_1 x_2^6, \quad u_3^{(0)} = x_1^2 x_2^5, \quad u_4^{(0)} = x_1^3 x_2^4,$$
$$u_5^{(0)} = x_1^4 x_2^3, \quad u_6^{(0)} = x_1^6 x_2^2, \quad u_7^{(0)} = x_1^8 x_2, \quad u_8^{(0)} = x_1^{10},$$

1.3 単項式イデアルと Dickson の補題

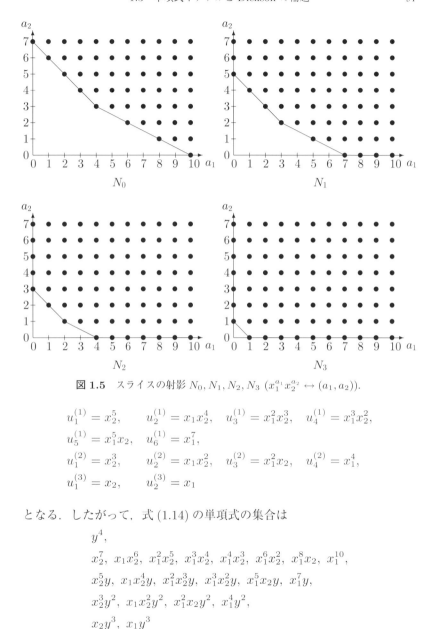

図 1.5 スライスの射影 N_0, N_1, N_2, N_3 ($x_1^{a_1} x_2^{a_2} \leftrightarrow (a_1, a_2)$).

$$u_1^{(1)} = x_2^5, \quad u_2^{(1)} = x_1 x_2^4, \quad u_3^{(1)} = x_1^2 x_2^3, \quad u_4^{(1)} = x_1^3 x_2^2,$$
$$u_5^{(1)} = x_1^5 x_2, \quad u_6^{(1)} = x_1^7,$$
$$u_1^{(2)} = x_2^3, \quad u_2^{(2)} = x_1 x_2^2, \quad u_3^{(2)} = x_1^2 x_2, \quad u_4^{(2)} = x_1^4,$$
$$u_1^{(3)} = x_2, \quad u_2^{(3)} = x_1$$

となる．したがって，式 (1.14) の単項式の集合は

$y^4,$

$x_2^7, \ x_1 x_2^6, \ x_1^2 x_2^5, \ x_1^3 x_2^4, \ x_1^4 x_2^3, \ x_1^6 x_2^2, \ x_1^8 x_2, \ x_1^{10},$

$x_2^5 y, \ x_1 x_2^4 y, \ x_1^2 x_2^3 y, \ x_1^3 x_2^2 y, \ x_1^5 x_2 y, \ x_1^7 y,$

$x_2^3 y^2, \ x_1 x_2^2 y^2, \ x_1^2 x_2 y^2, \ x_1^4 y^2,$

$x_2 y^3, \ x_1 y^3$

となる．この例では，実際に上記の 21 個の単項式は，すべて M の極小

元である．

　Dickson の補題と補題 1.3 により，単項式イデアルのイデアル記述問題の解は，以下のようにまとめられる．任意に与えられた単項式の集合 $M \subset M_n$ から生成される単項式イデアル $I = \langle \{u \mid u \in M\} \rangle$ は，有限生成であり，M のすべての極小元を含む有限集合が I の生成系となる．特に，M のすべての極小元からなる集合は，I の単項式からなる生成系のうち，包含関係で極小な生成系であり，一意的に定まる．

1.4　単項式順序と多変数の多項式の割り算

　1.2 節の最後で，1 変数の多項式環のイデアルはすべて単項イデアルであり，イデアル所属問題が（ただ一つの）生成元による多項式の割り算で解けることを確認した．つまり，$f \in K[x]$ が 1 変数の多項式環のイデアル $\langle g \rangle \subset K[x]$ に含まれるか否かは，f の g による割り算の表示

$$f = qg + r, \quad q, r \in K[x], \\ \text{ただし } r = 0 \text{ または } \deg(r) < \deg(g) \tag{1.15}$$

から，

$$r = 0 \quad \Leftrightarrow \quad f \in \langle g \rangle$$

と判定できる．この議論を拡張して，n 変数の多項式環のイデアル所属問題を考えたい．本節ではその準備として，n 変数の多項式の割り算アルゴリズムを定義する．

　まず，1 変数の多項式の割り算が，「次数を小さくする置き換え」で表されたことを思い出そう．例えば問題 1.4 では，与えられた $f \in K[x]$ の 2 次の多項式 $g = x^2 - 3x + 1$ による割り算を考えた．これは，「f に含まれる x^2 を $g + 3x - 1$ で可能な限り置き換える演算」として表すことができ，それにより式 (1.15) の表示を得た．n 変数の場合も同様に，多項式の割り算を，割られる多項式に含まれる単項式の「置き換え」として記述

できるだろうか，と考える．すると n 変数の場合では，1 変数のときのような「次数を小さくする置き換え」という特徴づけでは不十分であることが分かる．例えば，f を $h = x^2 - yz$ で割るという演算を考えると，h に含まれる二つの単項式の次数が等しいから，「f に含まれる x^2 を $h + yz$ で置き換える演算」としても，「f に含まれる yz を $-h + x^2$ で置き換える演算」としても，置き換えにより多項式 f の次数を小さくすることができない．また，1 変数の場合には，置き換えができなくなること，つまり式 (1.15) の表示で $r = 0$ あるいは $\deg(r) < \deg(g)$ となることが割り算の終了条件であったが，$h = x^2 - yz$ で割るような場合には，x^2 あるいは yz が残ったときに，さらに置き換えを行うか否かを定めなければならない．

以上の考察から，n 変数の多項式 h による割り算を定義するためには，**h に現れるどの単項式についての置き換えをするのかを，次数とは異なる規準**で定める必要性が生じることがわかる．そのために，n 変数単項式の集合 M_n の各元について，順序を導入する．これが，単項式順序である．

定義 1.4

変数 $x_1, \ldots, x_n$ の単項式全体の集合 M_n における全順序[5]) $\prec$ が M_n 上の**単項式順序 (monomial order)** であるとは，

(i) 任意の単項式 $1 \neq u \in M_n$ は $1 \prec u$ を満たす．

(ii) 任意の単項式 $u, v, w \in M_n$ について $u \prec v$ ならば $uw \prec vw$ である．

の 2 条件を満たすことをいう．

---

[5]) 集合 A における二項関係 $\preceq$ が A 上の順序であるとは，任意の $u, v, w \in A$ に対して．

1. (反射律) $u \preceq u$
2. (反対称律) $u \preceq v, v \preceq u \Rightarrow u = v$
3. (推移律) $u \preceq v, v \preceq w \Rightarrow u \preceq w$

を満たすことをいう．さらに，A 上の順序 $\preceq$ は，任意の $u, v \in A$ に対して $u \preceq v$ あるいは $v \preceq u$ を満たすとき，A 上の全順序という．例えば，一般的な数の大小関係 $\leq$ は，$\mathbb{R}$ 上の全順序である．

単項式順序の定義は，やや抽象的で分かりにくい．最も簡単な例として，1変数の場合の次数による順序

$$1 \prec x \prec x^2 \prec x^3 \prec \cdots \tag{1.16}$$

が M_1 上の単項式順序であることを確認しよう．まず，条件の (i) より $1 \prec x$ である．次に，これと条件の (ii) より，

$$1 \prec x \quad \Rightarrow \quad x \prec x^2$$

が得られる．したがって，帰納的に式 (1.16) が導かれる．

よく使われる単項式順序には，以下のものがある．

定義 1.5

単項式 $u = x_1^{a_1} \cdots x_n^{a_n}$ と $v = x_1^{b_1} \cdots x_n^{b_n}$ において

(i) $(b_1 - a_1, \ldots, b_n - a_n)$ において最も左にある 0 でない成分が正であるとき $u \prec_{\mathrm{purelex}} v$ と定義する．$\prec_{\mathrm{purelex}}$ を**純辞書式順序**という．

(ii) $\deg(v) > \deg(u)$ であるか，あるいは「$\deg(v) = \deg(u)$ かつ $(b_1 - a_1, \ldots, b_n - a_n)$ において最も左にある 0 でない成分が正」であるとき，$u \prec_{\mathrm{lex}} v$ と定義する．$\prec_{\mathrm{lex}}$ を**辞書式順序**という．

(iii) $\deg(v) > \deg(u)$ であるか，あるいは「$\deg(v) = \deg(u)$ かつ $(b_1 - a_1, \ldots, b_n - a_n)$ において最も右にある 0 でない成分が負」であるとき，$u \prec_{\mathrm{rev}} v$ と定義する．$\prec_{\mathrm{rev}}$ を**逆辞書式順序**という．

純辞書式順序，辞書式順序，逆辞書式順序のいずれも，変数 $x_1, \ldots, x_n$ の順序

$$x_1 \succ x_2 \succ \cdots \succ x_n$$

を導く（これらは，厳密には，「変数の順序 $x_1 \succ x_2 \succ \cdots \succ x_n$ から導かれる純辞書式順序」などとよぶべきである）．簡単な問題で，以上の 3 つの単項式順序に慣れておこう．

1.4 単項式順序と多変数の多項式の割り算

問題 1.5 変数の個数を $n=3$ とし，$x_1=x, x_2=y, x_3=z$ とおく．次数 4 以下の単項式を，$x \succ y \succ z$ から導かれる，純辞書式順序，辞書式順序，逆辞書式順序のそれぞれで大きい順に並べよ．

解 該当する単項式は $1+3+6+10+15=35$ 個ある．純辞書式順序では，次数を考慮せずに

1. x のベキが大きい単項式ほど大きい．
2. x のベキが同じなら，y のベキが大きい単項式ほど大きい．
3. x と y のベキが同じなら，z のベキが大きい単項式ほど大きい．

という規則に従い並べる．答えは

$$x^4,\ x^3y,\ x^3z,\ x^3,\ x^2y^2,\ x^2yz,\ x^2y,\ x^2z^2,\ x^2z,\ x^2,$$
$$xy^3,\ xy^2z,\ xy^2,\ xyz^2,\ xyz,\ xy,\ xz^3,\ xz^2,\ xz,\ x,$$
$$y^4,\ y^3z,\ y^3,\ y^2z^2,\ y^2z,\ y^2,\ yz^3,\ yz^2,\ yz,\ y,$$
$$z^4,\ z^3,\ z^2,\ z,\ 1$$

となる．辞書式順序と逆辞書式順序では，まず単項式の次数で順序づけする．次数が同じ単項式については，辞書式順序の場合は，純辞書式順序と同様のルールに従い並べるので，答えは

$$x^4,\ x^3y,\ x^3z,\ x^2y^2,\ x^2yz,\ x^2z^2,\ xy^3,\ xy^2z,\ xyz^2,\ xz^3,$$
$$y^4,\ y^3z,\ y^2z^2,\ yz^3,\ z^4,$$
$$x^3,\ x^2y,\ x^2z,\ xy^2,\ xyz,\ xz^2,\ y^3,\ y^2z,\ yz^2,\ z^3,$$
$$x^2,\ xy,\ xz,\ y^2,\ yz,\ z^2,\ x,\ y,\ z,\ 1$$

となる．逆辞書式順序の場合は，次数が同じ単項式を

1. z のベキが大きい単項式ほど小さい．
2. z のベキが同じなら，y のベキが大きいものほど小さい．

という規則に従い並べる．答えは

$$x^4, x^3y, x^2y^2, xy^3, y^4, x^3z, x^2yz, xy^2z, y^3z,$$
$$x^2z^2, xyz^2, y^2z^2, xz^3, yz^3, z^4,$$
$$x^3, x^2y, xy^2, y^3, x^2z, xyz, y^2z, xz^2, yz^2, z^3,$$
$$x^2, xy, y^2, xz, yz, z^2, x, y, z, 1$$

となる． ∎

逆辞書式順序は，辞書式順序の「逆の順序」ではないので注意しよう．[28] の日比孝之教授の言葉を借りれば，純辞書式順序や辞書式順序を「上手い選手が多く在籍するチームが強い」と表現するなら，逆辞書式順序の表現は「下手な選手が多く在籍するチームが弱い」である．さらに，辞書式順序と逆辞書式順序は，「人数が多いチームが強い」と定めるのに対し，純辞書式順序では「人数は強弱に無関係」となる．

多項式環の単項式順序 $\prec$ に関する重要な性質（定理 1.2）を示すための準備として，次の性質を示しておく．

補題 1.4

互いに異なる二つの単項式 $u, v \in M_n$ について，u が v を割り切るならば，$u \prec v$ である．

証明 u が v を割り切るので，ある $w \in M_n$ があって $v = wu$ と書ける．u と v は異なるので，$w \neq 1$ であり，単項式順序の定義より $1 \prec w$ が従い，さらに単項式順序の定義より $1 \cdot u \prec w \cdot u$ つまり $u \prec v$ が従う． □

定理 1.2

単項式順序 $\prec$ に関する単項式の無限減少列

$$u_0 \succ u_1 \succ u_2 \succ \cdots$$

は存在しない．

1.4 単項式順序と多変数の多項式の割り算　　37

　この定理は，n 変数の多項式の割り算アルゴリズムが終了することを保証するために重要である．証明には Dickson の補題（定理 1.1）を使う．

定理 1.2 の証明　そのような無限減少列が存在すると仮定して矛盾を導く．$M = \{u_0, u_1, u_2, \ldots\} \subset M_n$ を，無限減少列

$$u_0 \succ u_1 \succ u_2 \succ \cdots$$

とする．このとき，Dickson の補題より，M の極小元は有限個である．この極小元を，$u_{i_1}, u_{i_2}, \cdots, u_{i_s}$ とおく．ただし $i_1 < i_2 < \cdots < i_s$ とする．したがって，これらの極小元については，単項式順序 $\prec$ について

$$u_{i_1} \succ \cdots \succ u_{i_2} \succ \cdots \succ u_{i_s}$$

が成り立っている．ここで，M の元で u_{i_s} よりも $\prec$ について「小さな」元を任意に選び，これを u^* とする．極小元の定義から，u^* は $\{u_{i_1}, \ldots, u_{i_s}\}$ のいずれかで割り切れるので，例えば u_{i_k} で割り切れるとする．すると補題 1.4 より $u_{i_k} \prec u^*$ が従う．しかしこれは $u_{i_k} \succ u_{i_s} \succ u^*$ に矛盾する． □

　単項式順序 $\prec$ を定めれば，n 変数の多項式 f に現れる単項式の順序づけができる．特に，f に現れる単項式で $\prec$ に関して最も大きいものが重要である．これを f の**イニシャル単項式** (initial monomial) とよび，$\mathrm{in}_\prec(f)$ とかく．$\mathrm{in}_\prec(f)$ の係数を c_f と書き，項 $c_f \cdot \mathrm{in}_\prec(f)$ を f の先頭項とよぶ．例えば，$f = 2xy^4 - x^3z + 5x^2y^2z + 1 \in K[x, y, z]$ であれば

- 純辞書式順序では $\mathrm{in}_{\prec_{\mathrm{purelex}}}(f) = x^3z$ で，先頭項は $-x^3z$
- 辞書式順序では $\mathrm{in}_{\prec_{\mathrm{lex}}}(f) = x^2y^2z$ で，先頭項は $5x^2y^2z$
- 逆辞書式順序では $\mathrm{in}_{\prec_{\mathrm{rev}}}(f) = xy^4$ で，先頭項は $2xy^4$

である．

　それでは，n 変数の多項式の割り算の手順を整理しよう．いま，$K[x_1, \ldots, x_n]$ の多項式 f と $g_1, \ldots, g_s$ について，f を $g_1, \ldots, g_s$ で割り算することを考える．そのためにまず，M_n の単項式順序 $\prec$ を固定する．そし

て，f に含まれる単項式の中で，$\mathrm{in}_\prec(g_1), \ldots, \mathrm{in}_\prec(g_s)$ のいずれかで割り切れるものを探す．f の単項式が $\mathrm{in}_\prec(g_i)$ で割り切れるとすると，その f の単項式に含まれる $\mathrm{in}_\prec(g_i)$ を

$$\frac{1}{c_{g_i}}g_i - \left(\frac{1}{c_{g_i}}g_i - \mathrm{in}_\prec(g_i)\right)$$

で置き換える．同様の操作を置き換えが可能な限り行うことが，n 変数の多項式の割り算である．割り算の結果得られる表示を定理の形で特徴づけよう．

定理 1.3　（割り算アルゴリズム）

変数 $x_1, \ldots, x_n$ と，M_n における単項式順序 $\prec$ を固定する．$g_1, \ldots, g_s$ と f を多項式環 $K[x_1, \ldots, x_n]$ に属する 0 でない多項式とする．このとき，f の $g_1, \ldots, g_s$ に関する**標準表示 (standard form)** とよばれる等式

$$f = q_1 g_1 + \cdots + q_s g_s + r \tag{1.17}$$

を満たす $K[x_1, \ldots, x_n]$ の多項式 $q_1, \ldots, q_s$ と r が存在する．ただし
 (i) $r \neq 0$ ならば，r に現れる任意の単項式は，いかなる $\mathrm{in}_\prec(g_i)$ でも割り切れない．
 (ii) $q_i \neq 0$ ならば $\mathrm{in}_\prec(q_i g_i) \preceq \mathrm{in}_\prec(f)$ である．
r を f の $g_1, \ldots, g_s$ に関する**余り**という．

定理を証明する前に，まずは，具体的な例に対して標準表示を求めてみよう．

問題 1.6　M_3 の辞書式順序 $\prec_{\mathrm{lex}}$ について，$f = xyz + xz^2 - y^2 - 1$ の $g_1 = yz - x$, $g_2 = xz - y^2$ に関する標準表示を求めよ．

解　辞書式順序についての g_1, g_2 のイニシャル単項式はそれぞれ

$$\mathrm{in}_{\prec_{\mathrm{lex}}}(g_1) = yz, \quad \mathrm{in}_{\prec_{\mathrm{lex}}}(g_2) = xz$$

である．したがって，「f に含まれる yz を $g_1 + x$ で置き換える」あるい

は「f に含まれる xz を $g_2 + y^2$ で置き換える」という演算を可能な限り行うことで，標準表示が得られる．これは例えば以下のようになる．

$$\begin{aligned}f &= xyz + xz^2 - y^2 - 1 \\ &= x(g_1 + x) + xz^2 - y^2 - 1 \\ &= xg_1 + x^2 + xz^2 - y^2 - 1 \\ &= xg_1 + x^2 + z(g_2 + y^2) - y^2 - 1 \\ &= xg_1 + zg_2 + x^2 + y^2 z - y^2 - 1 \\ &= xg_1 + zg_2 + x^2 + y(g_1 + x) - y^2 - 1 \\ &= (x + y)g_1 + zg_2 + x^2 + xy - y^2 - 1 \end{aligned} \quad (1.18)$$

最終行は，$x^2 + xy - y^2 - 1$ に含まれる単項式が g_1, g_2 のイニシャル単項式では割り切れない（すなわちこれ以上の置き換えができない）から，標準表示の条件 (i) を満足している．条件 (ii) についても，

$$\begin{aligned}\mathrm{in}_{\prec_{\mathrm{lex}}}((x+y)g_1) &= xyz \preceq xyz = \mathrm{in}_{\prec_{\mathrm{lex}}}(f) \\ \mathrm{in}_{\prec_{\mathrm{lex}}}(zg_2) &= xz^2 \preceq xyz = \mathrm{in}_{\prec_{\mathrm{lex}}}(f)\end{aligned}$$

となるので，こちらも満足している．したがって，これが f の g_1, g_2 に関する辞書式順序についての標準表示である．割り算の用語で言い換えれば，f を g_1, g_2 で割ったときの商は $x + y$ と z，余りは $x^2 + xy - y^2 - 1$ である． ∎

なお，標準表示の条件 (ii) は，上の例では例えば

$$f = (x^2 + x + y)g_1 - (xy - z)g_2 + x^3 - xy^3 + x^2 + xy - y^2 - 1 \quad (1.19)$$

のような表示を排除するためのものである．この表示では，右辺に x^2yz という $\mathrm{in}_{\prec_{\mathrm{lex}}}(f) = xyz$ よりも大きい単項式が現れてキャンセルしている．このようなものは標準表示ではない．実際，式 (1.19) の表示については

$$\mathrm{in}_{\prec_{\mathrm{lex}}}((x^2+x+y)g_1) = x^2yz \succeq xyz = \mathrm{in}_{\prec_{\mathrm{lex}}}(f)$$
$$\mathrm{in}_{\prec_{\mathrm{lex}}}((-xy+z)g_2) = x^2yz \succeq xyz = \mathrm{in}_{\prec_{\mathrm{lex}}}(f)$$

となるから，条件 (ii) を満足しない．

先ほどの答えでは，最初に f の単項式 xyz について g_1 による置き換えを行ったが，先に g_2 による置き換えを行うこともできた．その場合にどんな標準表示が得られるのかを確認しよう．

問題 1.6 の別解 f の単項式 xyz について，先に g_2 による置き換えを行うと以下のようになる．

$$\begin{aligned}
f &= xyz + xz^2 - y^2 - 1 \\
&= y(g_2 + y^2) + xz^2 - y^2 - 1 \\
&= yg_2 + y^3 + xz^2 - y^2 - 1 \\
&= yg_2 + y^3 + z(g_2 + y^2) - y^2 - 1 \\
&= (y+z)g_2 + y^3 + y^2z - y^2 - 1 \\
&= (y+z)g_2 + y^3 + y(g_1 + x) - y^2 - 1 \\
&= yg_1 + (y+z)g_2 + y^3 + xy - y^2 - 1
\end{aligned}$$

この最終行も，標準表示の条件を満足している．つまりこれは，式 (1.18) とは別の標準表示である．割り算の用語で言い換えれば，f を g_1, g_2 で割ったとき，y と $y+z$ が商で，余りは $y^3 + xy - y^2 - 1$ である，というのも解となる． ∎

この例から分かるように，n 変数の多項式では標準表示（あるいは割り算の商と余り）は一意的には定まらない．

上の例で行った式変形を一般的に書けば，割り算アルゴリズムの証明が得られる．

定理 1.3 の証明 多項式 f に含まれるどの単項式も，$\mathrm{in}_{\prec}(g_1), \ldots, \mathrm{in}_{\prec}(g_s)$ で割り切れないのであれば，$q_1 = \cdots = q_s = 0$, $r = f$ とおいたものが標

1.4 単項式順序と多変数の多項式の割り算

準表示である.

そこで, f に含まれる単項式で, $\mathrm{in}_\prec(g_1), \ldots, \mathrm{in}_\prec(g_s)$ のいずれかで割り切れるものがある場合を考える. そのような単項式の中で, 単項式順序 $\prec$ に関して最大のものを u_0 とし, これが $\mathrm{in}_\prec(g_{i_0})$ で割り切れるとする. 単項式 u_0 を 単項式 $\mathrm{in}_\prec(g_{i_0})$ で割ってできる単項式を $w_0 = u_0/\mathrm{in}_\prec(g_{i_0})$ とおく. f における u_0 の係数を c_0, g_{i_0} における $\mathrm{in}_\prec(g_{i_0})$ の係数を c_{i_0} とおく. f と g_{i_0} から, これらの項を除いた部分をそれぞれ f', g'_{i_0} とおいて

$$f = c_0 u_0 + f' = c_0 w_0 \mathrm{in}_\prec(g_{i_0}) + f'$$
$$g_{i_0} = c_{i_0} \mathrm{in}_\prec(g_{i_0}) + g'_{i_0}$$

と書く. ここで, f の「g_{i_0} による置き換え」の式変形, つまり

$$\mathrm{in}_\prec(g_{i_0}) = \frac{1}{c_{i_0}}(g_{i_0} - g'_{i_0})$$

を f に代入すると,

$$f = \frac{c_0}{c_{i_0}} w_0 g_{i_0} + r_1 \tag{1.20}$$

となる. ただし

$$r_1 = f' - \frac{c_0}{c_{i_0}} w_0 g'_{i_0}$$

とおいた. 式 (1.20) は

$$\mathrm{in}_\prec\left(\frac{c_0}{c_{i_0}} w_0 g_{i_0}\right) = \mathrm{in}_\prec(w_0 g_{i_0}) = w_0 \mathrm{in}_\prec(g_{i_0}) = u_0 \preceq \mathrm{in}_\prec(f)$$

より, 条件 (ii) を満足する. したがって, r_1 に含まれるどの単項式も $\mathrm{in}_\prec(g_1), \ldots, \mathrm{in}_\prec(g_s)$ で割り切れないのであれば, 式 (1.20) が標準表示である.

次に, r_1 に含まれる単項式で, $\mathrm{in}_\prec(g_1), \ldots, \mathrm{in}_\prec(g_s)$ のいずれかで割り切れるものがある場合を考える. そのような単項式の中で, 単項式順序 $\prec$ に関して最大のものを u_1 とし, これが $\mathrm{in}_\prec(g_{i_1})$ で割り切れるとする. ここで,

$$u_1 \prec u_0 \tag{1.21}$$

が成り立つ．これを示すために，$u_1 \succeq u_0$ と仮定して矛盾を導く．まず，u_1 が f' に含まれる単項式であれば，一つ前のステップで u_0 を「f に含まれる単項式で $\mathrm{in}_\prec(g_1), \ldots, \mathrm{in}_\prec(g_s)$ のいずれかで割り切れるもののうち，単項式順序 $\prec$ に関して最大のもの」と定めたことに矛盾する．したがって u_1 は，$w_0 g'_{i_0}$ に含まれる単項式でなければならない．しかし，

$$\mathrm{in}_\prec(w_0 g'_{i_0}) = w_0 \mathrm{in}_\prec(g'_{i_0}) \prec w_0 \mathrm{in}_\prec(g_{i_0}) = u_0$$

であるので，やはり矛盾であり，式 (1.21) が成り立つ．ここでまた，f の「g_{i_1} による置き換え」を行うために，先ほどと同様に

$$r_1 = c_1 u_1 + r'_1 = c_1 w_1 \mathrm{in}_\prec(g_{i_1}) + r'_1$$
$$g_{i_1} = c_{i_1} \mathrm{in}_\prec(g_{i_1}) + g'_{i_1}$$

とおく．ただし，$w_1 = u_1/\mathrm{in}_\prec(g_{i_1})$ であり，r_1 における u_1 の係数を c_1，g_{i_1} における $\mathrm{in}_\prec(g_{i_1})$ の係数を c_{i_1}，r_1 と g_{i_1} からこれらの項を除いた部分をそれぞれ r'_1, g'_{i_1} とおいた．f の g_{i_1} による置き換えの式変形は，r_1 に

$$\mathrm{in}_\prec(g_{i_1}) = \frac{1}{c_{i_1}}(g_{i_1} - g'_{i_1})$$

を代入するものであり，

$$f = \frac{c_0}{c_{i_0}} w_0 g_{i_0} + \frac{c_1}{c_{i_1}} w_1 g_{i_1} + r_2 \tag{1.22}$$

となる．ここで

$$r_2 = r'_1 - \frac{c_1}{c_{i_1}} w_1 g'_{i_1}$$

とおいている．式 (1.21) に注意すれば，式 (1.22) は

$$\mathrm{in}_\prec \left(\frac{c_1}{c_{i_1}} w_1 g_{i_1} \right) = \mathrm{in}_\prec(w_1 g_{i_1}) = w_1 \mathrm{in}_\prec(g_{i_1}) = u_1 \prec u_0 \preceq \mathrm{in}_\prec(f)$$

より条件 (ii) を満足するので，r_2 に含まれるどの単項式も $\mathrm{in}_\prec(g_1), \ldots,$ $\mathrm{in}_\prec(g_s)$ で割り切れないのであれば，式 (1.22) が標準表示である．

r_2 に含まれる単項式に，$\text{in}_\prec(g_1), \ldots, \text{in}_\prec(g_s)$ のいずれかで割り切れるものがある場合は，そのような単項式の中で，単項式順序 $\prec$ に関して最大のものを u_2 とおき，同じ手順を繰り返す．このようにしていくと，単項式順序 $\prec$ に関する単項式の減少列

$$u_0 \succ u_1 \succ u_2 \succ \cdots$$

が構成される．定理 1.2 は，そのような無限減少列の存在を否定するから，上の操作も有限回で終了する．上の操作が N 回で終了したとすると，そのときに得られる表示は

$$f = \sum_{k=0}^{N-1} \frac{c_k}{c_{i_k}} w_k g_{i_k} + r_N \tag{1.23}$$

となる．ここで，$r_N = 0$ であるか，または $r_N \neq 0$ であるならば r_N に含まれるどの単項式も $\text{in}_\prec(g_1), \ldots, \text{in}_\prec(g_s)$ で割り切れない．さらに，すべての k について

$$\text{in}_\prec \left(\frac{c_k}{c_{i_k}} w_k g_{i_k} \right) = \text{in}_\prec (w_k g_{i_k}) = w_k \text{in}_\prec (g_{i_k}) = u_k \prec u_0 \preceq \text{in}_\prec(f)$$

である．したがって，式 (1.23) は標準表示の条件を満足する．標準表示の式 (1.17) に合わせれば，$\sum_{k=0}^{N-1} \frac{c_k}{c_{i_k}} w_k g_{i_k}$ を $q_1 g_1 + \cdots + q_s g_s$ とおき，$r_N = r$ とおいたものが，f の $g_1, \ldots, g_s$ に関する標準表示である． $\square$

1.5　グレブナー基底とイデアル所属問題

n 変数の多項式環のイデアル所属問題を考える．$K[x_1, \ldots, x_n]$ のイデアル $I = \langle g_1, \ldots, g_s \rangle$ と多項式 $f \in K[x_1, \ldots, x_n]$ が与えられたとき，M_n の単項式順序 $\prec$ を定めれば，割り算アルゴリズムにより，f の $g_1, \ldots, g_s$ に関する標準表示

$$f = q_1 g_1 + \cdots + q_s g_s + r \tag{1.17}$$

が得られる．このとき $r = 0$ であれば，ただちに $f \in I$ が確認できる．しかし，前節で確認したように，n 変数の多項式における標準表示には一意性がないから，$r = 0$ は $f \in I$ であるための必要条件ではない．例えば，問題 1.6 で式 (1.18) のいくつかの項を移項すれば，M_3 の辞書式順序 $\prec_{\mathrm{lex}}$ について，$f = xyz + xz^2 - x^2 - xy$ の $g_1 = yz - x, g_2 = xz - y^2$ に関する二つの標準表示

$$f = (x+y)g_1 + zg_2$$
$$= yg_1 + (y+z)g_2 + y^3 - x^2$$

を得る．この一つめの表示からただちに $f \in I = \langle g_1, g_2 \rangle$ が分かるが，二つめの表示は標準表示の余りが 0 でなくても $f \in I$ となりうることを示している．ここで，この二つめの標準表示の余りを $g_3 = y^3 - x^2$ とおくと，$g_3 = f - yg_1 - (y+z)g_2$ であるので（$f, g_1, g_2 \in I$ より）これは I の元である[6]．イデアル I の生成系に「I の別の元」を追加してもイデアルは変化しないから，イデアル I は $I = \langle g_1, g_2 \rangle = \langle g_1, g_2, g_3 \rangle$ と表すことができる．このとき，f の g_1, g_2, g_3 に関する 2 通りの標準表示は

$$f = (x+y)g_1 + zg_2$$
$$= yg_1 + (y+z)g_2 + g_3$$

となるから，いずれも余りを 0 とすることができた．実は，この例のイデアル I の任意の元について，辞書式順序での g_1, g_2, g_3 に関する標準表示の余りは必ず 0 となることを示すことができる．このように，**標準表示 (1.17) で余りが $r = 0$ となることが $f \in I = \langle g_1, \ldots, g_s \rangle$ の必要条件となるには**，$g_1, \ldots, g_s$ にどのような条件を加えればよいのかを考える．

いま，単項式順序 $\prec$ について，$f \in I = \langle g_1, \ldots, g_s \rangle$ の $g_1, \ldots, g_s$ に関する標準表示 (1.17) で $r \neq 0$ となるものがあるとする．このとき，イデアルの定義より

---

[6] 一方，$\{g_1, g_2\}$ は I の生成系であるので，$g_3 \in I$ は g_1, g_2 の「多項式倍の和」で表すことができることにも注目しておく．ここでは $g_3 = xg_1 - yg_2$ となっている．

$$r = f - q_1 g_1 - \cdots - q_s g_s$$

は I の元である．また，標準表示の定義より，r に含まれる任意の単項式は，いずれの $\mathrm{in}_\prec(g_1), \ldots, \mathrm{in}_\prec(g_s)$ でも割り切れない．特にここでは，**r のイニシャル単項式 $\mathrm{in}_\prec(r)$ が**いずれの $\mathrm{in}_\prec(g_1), \ldots, \mathrm{in}_\prec(g_s)$ でも割り切れないことに注目する．そこで，$g_1, \ldots, g_s$ に関する条件として，「イデアル $\langle g_1, \ldots, g_s \rangle$ の（0 でない）任意の元について，そのイニシャル単項式が $\mathrm{in}_\prec(g_1), \ldots, \mathrm{in}_\prec(g_s)$ のいずれかで割り切れる」というものを考える．この条件が満たされるとき，$f \in \langle g_1, \ldots, g_s \rangle$ の $g_1, \ldots, g_s$ に関する標準表示の余りは一意的，つまり必ず 0 となることを示すことができる．さらに，$g_1, \ldots, g_s$ がこの条件を満たすなら，任意の多項式 $f \in K[x_1, \ldots, x_n]$ についても，その $g_1, \ldots, g_s$ に関する標準表示の余りの一意性を示すことができる．

補題 1.5

多項式環 $K[x_1, \ldots, x_n]$ の多項式の有限集合 $\{g_1, \ldots, g_s\}$ は，単項式順序 $\prec$ に関して，条件

$$\begin{aligned} & 0 \neq f \in \langle g_1, \ldots, g_s \rangle \\ & \Rightarrow \mathrm{in}_\prec(f) \text{ は } \mathrm{in}_\prec(g_1), \ldots, \mathrm{in}_\prec(g_s) \text{ のいずれかで割り切れる} \end{aligned} \quad (1.24)$$

を満たすとする．このとき，単項式順序 $\prec$ について，任意の多項式 $f \in K[x_1, \ldots, x_n]$ の $g_1, \ldots, g_s$ に関する標準表示の余りは一意的である．

証明 単項式順序 $\prec$ に関して，$g_1, \ldots, g_s$ は式 (1.24) の条件を満たすとする．$f \in K[x_1, \ldots, x_n]$ の $g_1, \ldots, g_s$ に関する 2 通りの標準表示

$$f = q_1 g_1 + \cdots + q_s g_s + r$$
$$f = q'_1 g_1 + \cdots + q'_s g_s + r'$$

が得られたとし，$r \neq r'$ と仮定する．いま，

$$0 \neq r - r' = (q'_1 - q_1) g_1 + \cdots + (q'_s - q_s) g_s \in \langle g_1, \ldots, g_s \rangle$$

であるから，式 (1.24) の条件より $\mathrm{in}_\prec(r-r')$ は $\mathrm{in}_\prec(g_1),\ldots,\mathrm{in}_\prec(g_s)$ のいずれかで割り切れる．しかし単項式 $\mathrm{in}_\prec(r-r')$ は，r または r' に含まれる単項式であるので，標準表示の条件 (i) より，いかなる $\mathrm{in}_\prec(g_1),\ldots,\mathrm{in}_\prec(g_s)$ でも割り切れないはずであるので矛盾である．したがって $r=r'$ でなければならない． □

補題 1.5 の条件を書き換えることで，グレブナー基底の定義が得られる．まず $I = \langle g_1,\ldots,g_s \rangle$ とおくと，補題 1.1 より，式 (1.24) の条件は

$$f \in I \Rightarrow \mathrm{in}_\prec(f) \in \langle \mathrm{in}_\prec(g_1),\ldots,\mathrm{in}_\prec(g_s) \rangle \tag{1.25}$$

と書き換えることができる．ここで，I の元のイニシャル単項式の集合 $\{\mathrm{in}_\prec(f) \mid f \in I\}$ を考えて，これを生成系とする単項式イデアルを

$$\mathrm{in}_\prec(I) = \langle \{\mathrm{in}_\prec(f) \mid f \in I\} \rangle \tag{1.26}$$

と書く．補題 1.2 より，$\mathrm{in}_\prec(I)$ の元に含まれる任意の単項式はいずれかの $\mathrm{in}_\prec(f)$ ($f \in I$) で割り切れる．したがって，式 (1.25) が成り立つとき，

$$\mathrm{in}_\prec(I) \subset \langle \mathrm{in}_\prec(g_1),\ldots,\mathrm{in}_\prec(g_s) \rangle \tag{1.27}$$

であることが従う．逆の包含関係は自明に成り立つので，結局，補題 1.5 の条件は，

$$\mathrm{in}_\prec(I) = \langle \mathrm{in}_\prec(g_1),\ldots,\mathrm{in}_\prec(g_s) \rangle \tag{1.28}$$

と書き換えることができる．この左辺，つまり式 (1.26) で定義される単項式イデアルを，I の $\prec$ に関する**イニシャルイデアル (initial ideal)** という．一般には $I = \langle g_1,\ldots,g_s \rangle$ のとき $\mathrm{in}_\prec(I) \supset \langle \mathrm{in}_\prec(g_1),\ldots,\mathrm{in}_\prec(g_s) \rangle$ である．本節の冒頭の例は，逆の包含関係 (1.27) が必ずしも成り立つとは限らないことを示している．

【例 1.4】 M_3 の辞書式順序 $\prec_\mathrm{lex}$ について，$g_1 = yz - x$, $g_2 = xz - y^2$ とイデアル $I = \langle g_1, g_2 \rangle$ を考える．脚注 6（44 ページ）で述べたように $y^3 - x^2 = xg_1 - yg_2 \in I$ であるので，$\mathrm{in}_{\prec_\mathrm{lex}}(y^3 - x^2) = y^3 \in \mathrm{in}_{\prec_\mathrm{lex}}(I)$

である．ところが，$y^3 \notin \langle yz, xz \rangle = \langle \mathrm{in}_{\prec_\mathrm{lex}}(g_1), \mathrm{in}_{\prec_\mathrm{lex}}(g_2) \rangle$ であるから，$\mathrm{in}_{\prec_\mathrm{lex}}(I) \neq \langle \mathrm{in}_{\prec_\mathrm{lex}}(g_1), \mathrm{in}_{\prec_\mathrm{lex}}(g_2) \rangle$ である．

M_n の単項式順序 $\prec$ を固定したとき，多項式環 $K[x_1, \ldots, x_n]$ の任意のイデアル $I \subset K[x_1, \ldots, x_n]$ について，そのイニシャルイデアル $\mathrm{in}_\prec(I)$ が有限生成であることは，単項式イデアルに関する定理 1.1（Dickson の補題）から保証される．つまり，$\{\mathrm{in}_\prec(f) \mid f \in I\}$ の有限部分集合 $\{\mathrm{in}_\prec(g_1), \ldots, \mathrm{in}_\prec(g_s)\}$ で，式 (1.28) を満たすものが存在する．この $g_1, \ldots, g_s \in I$ がグレブナー基底にほかならない．

定義 1.6

M_n の単項式順序 $\prec$ を固定し，I を多項式環 $K[x_1, \ldots, x_n]$ のイデアルとする．このとき，I の $\prec$ に関する**グレブナー基底 (Gröbner basis)** とは，I に属する有限個の多項式の集合 $\{g_1, \ldots, g_s\}$ で，条件

$$\mathrm{in}_\prec(I) = \langle \mathrm{in}_\prec(g_1), \ldots, \mathrm{in}_\prec(g_s) \rangle \tag{1.28}$$

を満たすものをいう．

グレブナー基底の定義は以上であるが，「基底」という用語が示すように，グレブナー基底はそのイデアルの生成系である．このことは，標準表示とグレブナー基底の定義より，以下のように示すことができる．イデアル $I \subset K[x_1, \ldots, x_n]$ の単項式順序 $\prec$ に関するグレブナー基底を $\{g_1, \ldots, g_s\}$ とする．I の任意の元 $f \in I$ について，単項式順序 $\prec$ での $\{g_1, \ldots, g_s\}$ に関する標準表示を

$$f = q_1 g_1 + \cdots + q_s g_s + r \tag{1.17}$$

と書く．このとき $r = 0$ である．なぜなら $r \neq 0$ であるとすると，標準表示の定義により，r に現れる任意の単項式は，いかなる $\mathrm{in}_\prec(g_i)$ でも割り切れない．言葉を換えれば，r に現れる任意の単項式は，単項式イデアル $\langle \mathrm{in}_\prec(g_1), \ldots, \mathrm{in}_\prec(g_s) \rangle$ に属さない．特に，r のイニシャル単項式 $\mathrm{in}_\prec(r)$ も単項式イデアル $\langle \mathrm{in}_\prec(g_1), \ldots, \mathrm{in}_\prec(g_s) \rangle$ に属さない．しかし $r =$

$f - q_1 g_1 - \cdots - q_s g_s \in I$ であるので，I の元でイニシャル単項式が $\langle \mathrm{in}_\prec(g_1), \ldots, \mathrm{in}_\prec(g_s) \rangle$ に属さないものが存在することになる．これはグレブナー基底の定義に矛盾する．したがって，任意の $f \in I$ について $f \in \langle g_1, \ldots, g_s \rangle$，つまり $I \subset \langle g_1, \ldots, g_s \rangle$ が従う．逆の包含関係は自明であるから，$I = \langle g_1, \ldots, g_s \rangle$ が成り立つ．

以上の議論から，多項式環の任意のイデアルについて，それが有限生成であることが示された．これは，Hilbert の基底定理とよばれる．

系 1.1 （Hilbert の基底定理）

多項式環の任意のイデアルは有限生成である．

Hilbert の基底定理より，イデアル記述問題は，任意に定めた単項式順序について，そのイデアルのグレブナー基底をどのように計算するかという問題に帰着される．次節では，イデアルの生成系が得られたとき，そこからグレブナー基底を計算する方法を説明する．

本節の最後に，グレブナー基底の一意性，極小性についてまとめる．グレブナー基底は存在するが，一意的ではない．実際，$\{g_1, \ldots, g_s\}$ が単項式順序 $\prec$ に関する $I \subset K[x_1, \ldots, x_n]$ のグレブナー基底であるなら，これに I の任意の元を付け加えたものもグレブナー基底である．一方，1.3 節の最後の議論により，単項式イデアル $\mathrm{in}_\prec(I)$ の単項式からなる極小な生成系は一意的に存在する．この極小な生成系に対応するグレブナー基底を特徴づける．

定義 1.7

単項式順序 $\prec$ に関する I のグレブナー基底 $\{g_1, \ldots, g_s\}$ が I の **極小グレブナー基底 (minimal Gröbner basis)** とは，$\{\mathrm{in}_\prec(g_1), \ldots, \mathrm{in}_\prec(g_s)\}$ が $\mathrm{in}_\prec(I)$ の極小生成系であり，かつ，任意の $i = 1, \ldots, s$ について g_i におけるイニシャル単項式 $\mathrm{in}_\prec(g_i)$ の係数が 1 であるときにいう．

極小グレブナー基底は必ず存在するが，極小グレブナー基底は一意的とは限らない．例えば，$\{g_1, \ldots, g_s\}$ が極小グレブナー基底であるとし，$\mathrm{in}_\prec(g_1) \prec \mathrm{in}_\prec(g_2)$ とすると，$\mathrm{in}_\prec(g_2 + g_1) = \mathrm{in}_\prec(g_2)$ であることから

$\{g_1, g_2 + g_1, g_3, \ldots, g_s\}$ も極小グレブナー基底となる．このように，グレブナー基底はイニシャル単項式に関する条件 (1.28) によって定義されるから，一意性のあるグレブナー基底を特徴づけるためには，イニシャル単項式以外の単項式についての条件が必要となる．

定義 1.8

単項式順序 $\prec$ に関する I のグレブナー基底 $\{g_1, \ldots, g_s\}$ が I の**被約グレブナー基底 (reduced Gröbner basis)** であるとは，次の条件を満たすときにいう．

(i) $i \neq j$ のとき，g_j に含まれる単項式は $\mathrm{in}_\prec(g_i)$ で割り切れない．

(ii) 任意の $i = 1, \ldots, s$ について，g_i におけるイニシャル単項式 $\mathrm{in}_\prec(g_i)$ の係数は 1 である．

被約グレブナー基底は極小グレブナー基底であるが，逆は成り立たない．得られたグレブナー基底から，極小グレブナー基底，被約グレブナー基底を求める方法について，実際の例で確認する．

【例 1.5】 1.2 節では，問題 1.3 の連立方程式を多項式環のイデアルの演算として解いた．得られた多項式を再掲すると，$K[x, y, z]$ の多項式

$$f_1 = x^2 + y^2 + 4z^2 - 90, \quad f_2 = x - y + z - 12, \quad f_3 = xz - 3y - 28$$

で生成されるイデアル $I = \langle f_1, f_2, f_3 \rangle$ について，イデアルの演算により，I の元

$$\begin{aligned}
f_4 &= yz - 3y - z^2 + 12z - 28 \\
f_5 &= 2y^2 + 18y + 3z^2 - 2 \\
f_6 &= 2y + 5z^3 - 33z^2 + 54z + 6 \\
f_7 &= 5z^4 - 48z^3 + 155z^2 - 180z + 38 \\
f_8 &= 2x + 5z^3 - 33z^2 + 56z - 18
\end{aligned}$$

を得た．次節で，$\{f_1, \ldots, f_8\}$ が I の純辞書式順序 $\prec_{\mathrm{purelex}}$ の下でのグレ

ブナー基底であることを確認するが，ここでは天下り的にそれを認めて，そこから極小グレブナー基底，被約グレブナー基底を求める手順を説明する．

まず，極小グレブナー基底の定義に合わせて，$f_5, \ldots, f_8$ のイニシャル単項式の係数が 1 になるように定数倍し，改めて $f_5, \ldots, f_8$ と置き直す．

$$f_5 = y^2 + 9y + \frac{3}{2}z^2 - 1$$

$$f_6 = y + \frac{5}{2}z^3 - \frac{33}{2}z^2 + 27z + 3$$

$$f_7 = z^4 - \frac{48}{5}z^3 + 31z^2 - 36z + \frac{38}{5}$$

$$f_8 = x + \frac{5}{2}z^3 - \frac{33}{2}z^2 + 28z - 9$$

グレブナー基底の定義により，I のイニシャルイデアルは $f_1, \ldots, f_8$ の純辞書式順序の下でのイニシャル単項式で生成される．具体的には，

$$\begin{aligned} \mathrm{in}_{\prec_{\mathrm{purelex}}}(I) &= \langle \mathrm{in}_{\prec_{\mathrm{purelex}}}(f_1),\ \mathrm{in}_{\prec_{\mathrm{purelex}}}(f_2),\ \ldots,\ \mathrm{in}_{\prec_{\mathrm{purelex}}}(f_8) \rangle \\ &= \langle x^2,\ x,\ xz,\ yz,\ y^2,\ y,\ z^4,\ x \rangle \end{aligned}$$

である．右辺の単項式イデアルの極小生成系は $\{x, y, z^4\}$ であり，これらをイニシャル単項式にもつものが極小グレブナー基底である．この例では，$\mathrm{in}_{\prec_{\mathrm{purelex}}}(f_2) = \mathrm{in}_{\prec_{\mathrm{purelex}}}(f_8) = x$ であるので，$\{f_2, f_6, f_7\}$ と $\{f_6, f_7, f_8\}$ がいずれも極小グレブナー基底である．このうち $\{f_6, f_7, f_8\}$ については，被約グレブナー基底の定義も満足する．

一方，極小グレブナー基底 $\{f_2, f_6, f_7\}$ から被約グレブナー基底を求めるには，以下のようにする．まず，f_2 の f_6, f_7 に関する割り算の余りを求める．これは，標準表示が

$$\begin{aligned} f_2 &= x - y + z - 12 \\ &= x - \left(f_6 - \frac{5}{2}z^3 + \frac{33}{2}z^2 - 27z - 3\right) + z - 12 \\ &= -f_6 + x + \frac{5}{2}z^3 - \frac{33}{2}z^2 + 28z - 9 \end{aligned}$$

となるので，余り r は $r = x + \frac{5}{2}z^3 - \frac{33}{2}z^2 + 28z - 9$ となる．ここで，

$\mathrm{in}_{\prec_{\mathrm{purelex}}}(f_2) = \mathrm{in}_{\prec_{\mathrm{purelex}}}(r)$ であることが重要である.一般に,極小グレブナー基底 $G = \{g_1,\ldots,g_s\}$ について,その任意の元 $g_i \in G$ を $G \setminus \{g_i\}$ で割った余りを r とするとき,$\mathrm{in}_\prec(g_i) = \mathrm{in}_\prec(r)$ となることは,極小グレブナー基底の定義から従い,よって g_i を r で置き換えたものも極小グレブナー基底となる.同様の操作を,極小グレブナー基底の各元に対して,被約グレブナー基底が得られるまで行えば,高々 s 回の操作で被約グレブナー基底が得られる.この例では,上の余り r は f_8 と一致するから,先ほどの被約グレブナー基底 $\{f_6, f_7, f_8\}$ が確かに得られた.

上の例でも確認されたように,被約グレブナー基底は一意的に定まる.このことは,単項式イデアルの極小生成系の一意性より,以下のように示される.いま,$\{g_1,\ldots,g_s\}$ と $\{g'_1,\ldots,g'_t\}$ がいずれも I の被約グレブナー基底と仮定すると,$\{\mathrm{in}_\prec(g_1),\ldots,\mathrm{in}_\prec(g_s)\}$ と $\{\mathrm{in}_\prec(g'_1),\ldots,\mathrm{in}_\prec(g'_t)\}$ はいずれも $\mathrm{in}_\prec(I)$ の一意的な極小生成系であるので,$s = t$ であり,また,適当に添字を付け替えれば $\mathrm{in}_\prec(g_i) = \mathrm{in}_\prec(g'_i)$ がすべての i で成り立つ.ここで,$g_i \neq g'_i$ とすると,$\mathrm{in}_\prec(g_i - g'_i) \prec \mathrm{in}_\prec(g_i)$ である.さらに $\mathrm{in}_\prec(g_i - g'_i)$ は g_i または g'_i に含まれる単項式であるから,被約グレブナー基底の定義より,いずれの $\mathrm{in}_\prec(g_j)$ ($j \neq i$) でも割り切れないので,$\mathrm{in}_\prec(g_i - g'_i) \notin \mathrm{in}_\prec(I)$ となる.これは $g_i - g'_i \in I$ であることに矛盾する.

以上で確認した,被約グレブナー基底の一意性から,イデアルが一致するための必要十分条件が得られる.

系 1.2

M_n の単項式順序 $\prec$ を固定する.多項式環 $K[x_1,\ldots,x_n]$ のイデアル I, J について,$I = J$ であるための必要十分条件は,$\prec$ に関する I と J の被約グレブナー基底が一致することである.

1.6 Buchberger 判定法と Buchberger アルゴリズム

与えられたイデアルの生成系がグレブナー基底であるか否かを判定するには,どうすればよいだろうか.前節の例 1.4 では,$\{g_1, g_2\} = \{yz -$

$x, xz - y^2\}$ が M_3 の辞書式順序 $\prec_{\text{lex}}$ に関して $I = \langle g_1, g_2 \rangle$ のグレブナー基底ではないことを確認したが,その理由は,I の元 $g_3 = xg_1 - yg_2$ のイニシャル単項式 $\text{in}_{\prec_{\text{lex}}}(g_3) = y^3$ が,単項式イデアル $\langle \text{in}_{\prec_{\text{lex}}}(g_1), \text{in}_{\prec_{\text{lex}}}(g_2) \rangle = \langle yz, xz \rangle$ に含まれないからであった.このような「$\{g_1, g_2\}$ がグレブナー基底ではないことを示す $I = \langle g_1, g_2 \rangle$ の元」に注目する.まず g_1, g_2 は I の生成系であるから,I の任意の元は $h_1 g_1 + h_2 g_2$ $(h_1, h_2 \in K[x,y,z])$ の形で表すことができる.I の元を $f = h_1 g_1 + h_2 g_2 \in I$ と書くとき,このイニシャル単項式 $\text{in}_{\prec_{\text{lex}}}(f)$ が $\text{in}_{\prec_{\text{lex}}}(h_1 g_1)$ あるいは $\text{in}_{\prec_{\text{lex}}}(h_2 g_2)$ のいずれかに一致するのであれば,$\text{in}_{\prec_{\text{lex}}}(f)$ は $\text{in}_{\prec_{\text{lex}}}(g_1)$ あるいは $\text{in}_{\prec_{\text{lex}}}(g_2)$ で割り切れる.つまり $\text{in}_{\prec_{\text{lex}}}(f) \in \langle \text{in}_{\prec_{\text{lex}}}(g_1), \text{in}_{\prec_{\text{lex}}}(g_2) \rangle$ である.これは任意の多項式 h, g と単項式順序 $\prec$ に関して,

$$\text{in}_{\prec}(h \cdot g) = \text{in}_{\prec}(h) \cdot \text{in}_{\prec}(g)$$

が成り立つことにより従う.以上の考察は,グレブナー基底の判定のためにチェックが必要な I の元が,先ほどの例の $g_3 = xg_1 - yg_2$ のように,$f = h_1 g_1 + h_2 g_2$ の右辺で $\text{in}_{\prec_{\text{lex}}}(g_1)$ と $\text{in}_{\prec_{\text{lex}}}(g_2)$ **が打ち消しあってできる元であることを示唆している.この,「イニシャル単項式を打ち消しあう」演算を定義しよう**.準備として,M_n の単項式 $u = x_1^{a_1} \cdots x_n^{a_n}$ と $v = x_1^{b_1} \cdots x_n^{b_n}$ の最小公倍単項式

$$\text{lcm}(u, v) = x_1^{c_1} \cdots x_n^{c_n}, \quad c_i = \max\{a_i, b_i\}, \ i = 1, \ldots, n$$

を用意する.

定義 1.9

M_n の単項式順序 $\prec$ に関する $K[x_1, \ldots, x_n]$ の多項式 f, g の **S 多項式** を,

$$S(f, g) = \frac{\text{lcm}(\text{in}_{\prec}(f), \text{in}_{\prec}(g))}{c_f \cdot \text{in}_{\prec}(f)} f - \frac{\text{lcm}(\text{in}_{\prec}(f), \text{in}_{\prec}(g))}{c_g \cdot \text{in}_{\prec}(g)} g$$

と定義する.ここで,c_f, c_g はそれぞれ,単項式順序 $\prec$ に関する f, g のイニシャル単項式 $\text{in}_{\prec}(f), \text{in}_{\prec}(g)$ の係数である.

1.6 Buchberger 判定法と Buchberger アルゴリズム

f と g の S 多項式 $S(f,g)$ は，上述した「f と g のイニシャル単項式を打ち消しあってできる多項式」にほかならない．前節の例 1.4 を確認すると，辞書式順序 $\prec_{\text{lex}}$ に関する $g_1 = yz-x, g_2 = xz-y^2$ の最小公倍単項式は $\text{lcm}(\text{in}_{\prec_{\text{lex}}}(g_1), \text{in}_{\prec_{\text{lex}}}(g_2)) = \text{lcm}(yz, xz) = xyz$ であるから，g_1, g_2 の S 多項式は

$$S(g_1, g_2) = \frac{xyz}{yz}(yz-x) - \frac{xyz}{xz}(xz-y^2) = -x^2 + y^3$$

となり，確かにこれは g_3 に一致している．同様に，逆辞書式順序 $\prec_{\text{rev}}$ に関しては $\text{lcm}(\text{in}_{\prec_{\text{rev}}}(g_1), \text{in}_{\prec_{\text{rev}}}(g_2)) = \text{lcm}(yz, y^2) = y^2 z$ であるから S 多項式は $S(g_1, g_2) = yg_1 + zg_2 = -xy + xz^2$ であり，純辞書式順序 $\prec_{\text{purelex}}$ に関しては $\text{lcm}(\text{in}_{\prec_{\text{purelex}}}(g_1), \text{in}_{\prec_{\text{purelex}}}(g_2)) = \text{lcm}(x, xz) = xz$ であるから S 多項式は $S(g_1, g_2) = -zg_1 - g_2 = -yz^2 + y^2$ となる．

与えられたイデアルの生成系がグレブナー基底か否か，S 多項式を使って判定する方法を考える．いま，M_n の単項式順序と $K[x_1, \ldots, x_n]$ のイデアル $I = \langle g_1, \ldots, g_s \rangle$ が与えられたとき，生成系 $\{g_1, \ldots, g_s\}$ がグレブナー基底でないのであれば，生成系の元の $\prec$ に関する S 多項式でそのイニシャル単項式が単項式イデアル $\langle \text{in}_\prec(g_1), \ldots, \text{in}_\prec(g_s) \rangle$ に属さないものがあるかもしれない，と予想できる．それを $S(g_i, g_j)$ とすると，$S(g_i, g_j)$ の $g_1, \ldots, g_s$ に関する標準表示の余りは 0 にはならない．この予想が正しく，かつ逆も成立する，というのが，Buchberger 判定法である．

定理 1.4 （Buchberger 判定法）

M_n の単項式順序 $\prec$ を固定する．多項式環 $K[x_1, \ldots, x_n]$ のイデアル I の生成系 $\{g_1, \ldots, g_s\}$ が $\prec$ に関する I のグレブナー基底となるためには，条件「任意の $i \neq j$ について，g_i と g_j の S 多項式 $S(g_i, g_j)$ の $g_1, \ldots, g_s$ に関する標準表示の余りが 0 である」が成り立つことが必要十分である．

Buchberger 判定法を用いて，例 1.4 の 3 つの単項式順序に関するグレブナー基底を確認しよう．

【例 1.6】 $K[x, y, z]$ の多項式 $g_1 = yz - x$, $g_2 = xz - y^2$ とイデアル $I = \langle G \rangle$, $G = \{g_1, g_2\}$ を考える.

- M_3 の辞書式順序 $\prec_{\text{lex}}$ に関して, $S(g_1, g_2) = y^3 - x^2$ は G に関する標準表示であり, それ自体が余りである. したがって, G は I のグレブナー基底ではない. $g_3 = y^3 - x^2$ とおき $G' = G \cup \{g_3\}$ とすると,

$$S(g_1, g_3) = x^2 z - xy^2 = xg_2$$
$$S(g_2, g_3) = -y^2 g_3 + x^2 g_2 \qquad (*)$$

はいずれも G' に関する余りが 0 の標準表示である. したがって, G' は $\prec_{\text{lex}}$ に関する I のグレブナー基底である.

- M_3 の逆辞書式順序 $\prec_{\text{rev}}$ に関して, $S(g_1, g_2) = xz^2 - xy$ は G に関する標準表示であり, それ自体が余りである. したがって, G は I のグレブナー基底ではない. $g_3 = xz^2 - xy$ とおき $G' = G \cup \{g_3\}$ とすると,

$$S(g_1, g_3) = xy^2 - x^2 z = -xg_2$$
$$S(g_2, g_3) = -xz g_3 - xy g_2 \qquad (*)$$

はいずれも G' に関する余りが 0 の標準表示である. したがって, G' は $\prec_{\text{rev}}$ に関する I のグレブナー基底である.

- M_3 の純辞書式順序 $\prec_{\text{purelex}}$ に関して, $S(g_1, g_2) = y^2 - yz^2$ は G に関する標準表示であり, それ自体が余りである. したがって, G は I のグレブナー基底ではない. $g_3 = y^2 - yz^2$ とおき $G' = G \cup \{g_3\}$ とすると,

$$S(g_1, g_3) = -y^3 z + xyz^2 = -yz g_3 - yz^2 g_1 \qquad (*)$$
$$S(g_2, g_3) = xyz^3 - y^4 = -y^2 g_3 + yz^2 g_2 \qquad (*)$$

はいずれも G' に関する余りが 0 の標準表示である. したがって, G' は $\prec_{\text{purelex}}$ に関する I のグレブナー基底である.

これらの例で分かるように, Buchberger 判定法は, 単なる判定法に留

まらず，与えられた生成系がグレブナー基底となるために付け加えるべき元を明示的に与えてくれる．つまり，単項式順序 $\prec$ を固定し，イデアル I の生成系 $G = \{g_1, \ldots, g_s\}$ で G に関する標準表示の余りが 0 でない S 多項式 $S(g_i, g_j)$ があったとき，この余りを g_{s+1} とおけば，標準表示の余りの定義から $\mathrm{in}_\prec(g_{s+1})$ は単項式イデアル $\langle \mathrm{in}_\prec(g_1), \ldots, \mathrm{in}_\prec(g_s) \rangle$ に属さない．つまり $\mathrm{in}_\prec(g_{s+1})$ は I のイニシャルイデアルを生成するために追加すべき単項式であり，g_{s+1} はグレブナー基底となるために必要な元となるので，これを G に追加すればよい．この操作を繰り返せば，**有限回の操作によって，グレブナー基底が得られる**．以上を **Buchberger アルゴリズム** とよぶ．Buchberger 判定法と Buchberger アルゴリズムの証明は，本書では省略するが，本質的に重要なのは，上で「有限回の操作により得られる」という部分である．これは多項式環のネーター性という重要な性質から示される．興味のある読者は，文献 [8] の 2.5 節の説明や文献 [15] などを参照してほしい．

実際に Buchberger アルゴリズムを適用する際には，次の補題が有用である．

補題 1.6

M_n の単項式順序 $\prec$ と多項式環 $K[x_1, \ldots, x_n]$ の多項式 f, g について，$\mathrm{in}_\prec(f)$ と $\mathrm{in}_\prec(g)$ は互いに素，つまり，

$$\mathrm{lcm}(\mathrm{in}_\prec(f), \mathrm{in}_\prec(g)) = \mathrm{in}_\prec(f) \cdot \mathrm{in}_\prec(g)$$

とする．このとき，$S(f, g)$ の f, g に関する標準表示で余りが 0 のものが存在する．

証明 f と g は条件を満たすとし

$$f = c_f \mathrm{in}_\prec(f) + f', \quad g = c_g \mathrm{in}_\prec(g) + g'$$

とおく．このとき f と g の S 多項式は

$$S(f,g) = \frac{\mathrm{lcm}(\mathrm{in}_\prec(f), \mathrm{in}_\prec(g))}{c_f \cdot \mathrm{in}_\prec(f)} f - \frac{\mathrm{lcm}(\mathrm{in}_\prec(f), \mathrm{in}_\prec(g))}{c_g \cdot \mathrm{in}_\prec(g)} g$$

$$= \frac{\mathrm{in}_\prec(g)}{c_f} f - \frac{\mathrm{in}_\prec(f)}{c_g} g$$

$$= \frac{g - g'}{c_f c_g} f - \frac{f - f'}{c_f c_g} g$$

$$= -\frac{1}{c_f c_g} g' f + \frac{1}{c_f c_g} f' g$$

となる．これが $S(f,g)$ の f,g に関する余りが 0 の標準表示であることを示せばよい．ここで，$\mathrm{in}_\prec(g')\mathrm{in}_\prec(f)$ と $\mathrm{in}_\prec(f')\mathrm{in}_\prec(g)$ は一致しない．なぜなら，もし $\mathrm{in}_\prec(g')\mathrm{in}_\prec(f) = \mathrm{in}_\prec(f')\mathrm{in}_\prec(g)$ とすると，$\mathrm{in}_\prec(f)$ と $\mathrm{in}_\prec(g)$ は互いに素であるので $\mathrm{in}_\prec(f)$ は $\mathrm{in}_\prec(f')$ を割り切るが，これは $\mathrm{in}_\prec(f') \prec \mathrm{in}_\prec(f)$ に矛盾する．したがって，$\mathrm{in}_\prec(S(f,g))$ は $\mathrm{in}_\prec(g'f)$ と $\mathrm{in}_\prec(f'g)$ のいずれか（$\prec$ に関して大きい方）に一致する．仮に $\mathrm{in}_\prec(g'f) \prec \mathrm{in}_\prec(f'g)$ とすると

$$\mathrm{in}_\prec(g'f) \prec \mathrm{in}_\prec(f'g) \preceq \mathrm{in}_\prec(S(f,g))$$

となるので，定理 1.3 の条件 (ii) が成り立つ． □

この補題により，Buchberger 判定法を適用する際には，イニシャル単項式の変数が互いに素である元の組の S 多項式を計算すれば十分である．例 1.6 の計算でも，末尾に (∗) の付いた S 多項式の計算は，実際には不要である．

【例 1.7】 問題 1.3 を再考する．M_3 の純辞書式順序 $\prec_{\mathrm{purelex}}$ について，$K[x,y,z]$ のイデアル $I = \langle f_1, f_2, f_3 \rangle$ のグレブナー基底を Buchberger アルゴリズムにより求める．ただし，

$$f_1 = \underline{x^2} + y^2 + 4z^2 - 90,\ f_2 = \underline{x} - y + z - 12,\ f_3 = \underline{xz} - 3y - 28$$

である．下線はイニシャル単項式を表し，以降も同様とする．

- $F = \{f_1, f_2, f_3\}$ とおく．$S(f_1, f_2), S(f_1, f_3), S(f_2, f_3)$ をチェックす

1.6 Buchberger 判定法と Buchberger アルゴリズム

る.
$$S(f_2, f_3) = zf_2 - f_3$$
$$= -yz + 3y + z^2 - 12z + 28$$

これは F に関する標準表示であり，$S(f_2, f_3)$ 自身が余りである.

$$f_4 = \underline{yz} - 3y - z^2 + 12z - 28$$

とおき F に加える. $F = \{f_1, f_2, f_3, f_4\}$ となる.

$$S(f_1, f_2) = f_1 - xf_2$$
$$= xy - xz + 12x + y^2 + 4z^2 - 90$$
$$= (y - z + 12)f_2 - 2f_4 + 2y^2 + 18y + 3z^2 - 2$$

これは F に関する標準表示である. 余りを

$$f_5 = 2\underline{y^2} + 18y + 3z^2 - 2$$

とおき F に加える. $F = \{f_1, f_2, f_3, f_4, f_5\}$ となる.

$S(f_1, f_3) = zf_1 - xf_3$
$= 3xy + 28x + y^2z + 4z^3 - 90z$
$= (3y + 28)f_2 + (y + z - 12)f_4 + 3f_5 + 2y + 5z^3 - 33z^2 + 54z + 6$

これは F に関する標準表示である. 余りを

$$f_6 = 2\underline{y} + 5z^3 - 33z^2 + 54z + 6$$

とおき F に加える. $F = \{f_1, f_2, f_3, f_4, f_5, f_6\}$ となる.

- イニシャル単項式が互いに素なものを除くと，チェックが必要な S 多項式は $S(f_3, f_4), S(f_4, f_5), S(f_4, f_6), S(f_5, f_6)$ である. これらをチェックする.

$$S(f_3, f_4) = yf_3 - zf_4$$
$$= xyz - 3y^2 - yz^2 + 3yz - 28y + z^3 - 12z^2 + 28z$$
$$= (3y + 28)f_2 + (z - 12)f_3 + (x - z)f_4$$

これは F に関する余りが 0 の標準表示である.

$$S(f_4, f_5) = 2yf_4 - zf_5$$
$$= -6y^2 - 2yz^2 + 6yz - 56y - 3z^3 + 2z$$
$$= -2zf_4 - 3f_5 - f_6$$

これも F に関する余りが 0 の標準表示である.

$$S(f_4, f_6) = 2f_4 - zf_6$$
$$= -6y - 5z^4 + 33z^3 - 56z^2 + 18z - 56$$
$$= -3f_6 - 5z^4 + 48z^3 - 155z^2 + 180z - 38$$

これは F に関する標準表示である. 余りを

$$f_7 = 5z^4 - 48z^3 + 155z^2 - 180z + 38$$

とおき F に加える. $F = \{f_1, f_2, f_3, f_4, f_5, f_6, f_7\}$ となる.

$$S(f_5, f_6) = f_5 - yf_6$$
$$= -5yz^3 + 33yz^2 - 54yz + 12y + 3z^2 - 2$$
$$= (-5z^2 + 18z)f_4 + 6f_6 - f_7$$

これは F に関する余りが 0 の標準表示である.

- イニシャル単項式が互いに素なものを除くと,チェックが必要な S 多項式は $S(f_3, f_7), S(f_4, f_7)$ である.

$$S(f_3, f_7) = 5z^3 f_3 - x f_7$$
$$= 48xz^3 - 155xz^2 + 180xz - 38x - 15yz^3 - 140z^3$$
$$= -38f_2 + (48z^2 - 155z + 180)f_3 - (15z^2 - 99z + 168)f_4$$
$$- f_6 - 3f_7$$

これは F に関する余りが 0 の標準表示である．
$$S(f_4, f_7) = 5z^3 f_4 - y f_7$$
$$= 33yz^3 - 155yz^2 + 180yz - 38y - 5z^5 + 160z^4 - 140z^3$$
$$= (33z^2 - 56z + 12)f_4 - f_6 - (z - 9)f_7$$

これは F に関する余りが 0 の標準表示である．したがって，Buchberger 判定法より，$F = \{f_1, f_2, f_3, f_4, f_5, f_6, f_7\}$ はイデアル I の純辞書式順序に関するグレブナー基底である．

この例で分かるように，Buchberger アルゴリズムにより得られるグレブナー基底は極小グレブナー基底ではない．上で得られたグレブナー基底について，例 1.5 の手順に従えば，極小グレブナー基底，被約グレブナー基底が得られる．

1.7　Macaulay2 によるグレブナー基底の計算

前節の例で見たように，Buchberger アルゴリズムを紙と鉛筆で手計算により行うのは，一般には大変な作業である．まえがきでも述べたように，Buchberger アルゴリズムの計算量は，入力に対して二重指数のオーダーであり，最初に与えた生成系の元の数が 10 個程度であっても，チェックが必要な S 多項式の数は数十万を超えることが珍しくない．そのため，計算代数統計が注目され始めた 1990 年代の前半頃[7]には，理論は知

---

[7] 計算代数統計の発端となった論文のひとつ，[10] の出版年は 1998 年であるが，それより前の 1992 年頃には，プレプリントが研究者の間で注目を集めていた．

られていても，なかなか実際の問題に対する計算には結びつかなかった．しかし，その後のグレブナー基底の研究とソフトウェアの急速な発展により，現在では，ある程度の大きさの問題までは，標準的な計算機でグレブナー基底の計算を実行することができる状況にある．これまでに学んだようなグレブナー基底の理論を，実際の問題に対して，手元の計算機で手軽に計算を実行して確認できることは，計算代数統計の大きな魅力のひとつだと思う．

グレブナー基底の計算は，Mathematica や MATLAB などの有料のソフトウェアにはもちろん実装されている．例えば Mathematica の代数計算は非常に強力であるから，利用できる環境にあるなら積極的に利用するのがよい．また，有料のソフトウェア以外にも，Macaulay2([12]), SINGULAR([9]), CoCoA([6]), Risa/Asir([19]), 4ti2([1]) など，多くの無料のソフトウェアで，グレブナー基底の計算を行うことができる．また，仮想マシン上で起動する総合環境 MathLibre[8] は，無料で入手できるうえ，上記の無料ソフトウェアをすべて含んでいるため，研究や勉強のための有力な選択肢であるだろう．

本書では，代表的な無料のソフトウェアのひとつである Macaulay2 を使ったグレブナー基底の計算方法を紹介する．本書で Macaulay2 を取り上げた理由は，現在，これをウェブサイト「Macaulay2 online[9]」においてブラウザ上で使うことができるからである[10,11]．無論，計算機に慣れていれば，ソフトウェアを手元の計算機にインストールする手間は大したことはないが，初学者にとっては，インストールの手間をかけずに手軽にグレブナー基底の計算ができるというのは，大きな魅力であると思う．読者は是非，以下のコードを参考に実際に手を動かして計算してほしい．

---

[8] 2003 年から開発が続けられてきた KNOPPIX/Math を引き継ぎ，2012 年から発足したプロジェクト．詳細は www.mathlibre.org を参照．

[9] web.macaulay2.com

[10] 2018 年 4 月の時点で，Windows では Google Chrome，Mac では Safari での動作を確認している．また，いくつかのタブレット端末でも利用できる．

[11] Macaulay2 の本家サイト (macaulay2.com) の情報も合わせて参照するとよい．

【例 1.8】 例 1.7 のグレブナー基底の計算を Macaulay2 で行う．Macaulay2 online のサイトを開くと[12]，バージョン等のメッセージに続いて，

```
i1 :
```

と表示される．ここにコマンドを打ち込んでエンターキーを押せば，計算が実行される．うまくいかない場合は，右上のリロード (Restart M2) ボタン，あるいは RESET ボタンをクリックする．以降でも，エラーメッセージが出るなど，想定外のことが起こったら，リロードあるいは RESET ボタンをクリックして，最初の定義からやり直すのが（入力の手間はかかるが）分かりやすい．

Macaulay2 では，まず最初に，多項式環と単項式順序を宣言する必要がある．本書で使う係数体は有理数体 $\mathbb{Q}$ であり，これは QQ である．単項式順序は，デフォルトが逆辞書式順序であり，それ以外の単項式順序は MonomialOrder により指定する．例えば有理数体の多項式環 $\mathbb{Q}[x,y,z]$ で，$x \succ_{\mathrm{purelex}} y \succ_{\mathrm{purelex}} z$ なる純辞書式順序を宣言するには以下のようにする．

───── 多項式環の宣言（純辞書式順序） ─────
```
i1 : R1=QQ[x,y,z,MonomialOrder=>Lex]
o1 = R1
o1 : PolynomialRing
```

このように，i1 : に続けて入力してエンターキーを押せば，出力 o1 が表示される．入力の最後にセミコロン ; を付ければ，出力（の一部）は表示されない．o1 行の R1 が，宣言された多項式環の名前である．辞書式順序，逆辞書式順序の多項式環は以下のように宣言する．

---

[12] サーバーがダウンしている場合は，数日ほど，復旧するのを気長に待ってほしい．

―――――― 多項式環の宣言（辞書式順序と逆辞書式順序）――――――
```
i2 : R2=QQ[x,y,z,MonomialOrder=>GLex];
i3 : R3=QQ[x,y,z];
```

i2 行では辞書式順序，i3 行では逆辞書式順序を宣言しており，それぞれ R2，R3 という名前を付けている．

次に，多項式を入力してイデアルを定義する．上のようにいくつかの多項式環を宣言した場合は，まず使用する多項式環をコマンド use で宣言する．その後に定義した多項式やイデアルは，すべてその多項式環上で定義される．

―――――――――― 多項式とイデアルの定義 ――――――――――
```
i4 : use R1;
i5 : f1=x^2+y^2+4*z^2-90;
i6 : f2=x-y+z-12;
i7 : f3=x*z-3*y-28;
i8 : I=ideal(f1,f2,f3);
```

それぞれ，入力行の最後のセミコロンを外せば，定義した多項式やイデアルが属す多項式環が表示される．掛け算の * は省略できないことに注意する．

これで準備が整ったので，早速，グレブナー基底を計算してみよう．グレブナー基底の計算のコマンドは gb である．

―――――――――――― グレブナー基底の計算 ――――――――――――
```
i9 : gb I
o9 = GroebnerBasis[status: done; S-pairs encountered up to
                degree 4]
o9 : GroebnerBasis
```

グレブナー基底が表示されることを期待したが，うまくいかなかった．コマンド gb はグレブナー基底を計算するが，その元を取り出すには別のコマンド gens を使わなければならない．以下のように実行すればよい．

1.7 Macaulay2 によるグレブナー基底の計算

―― グレブナー基底の確認 ――
```
i10 : G=gb I;
i11 : g=gens G
o11 = | 5z4-48z3+155z2-180z+38  2y+5z3-33z2+54z+6
      -----------------------------------------------------------
      2x+5z3-33z2+56z-18 |
               1           3
o11 : Matrix R1  <--- R1
```

i10 行は G=gb(I) としてもよい．このような引数の括弧は省略することができる．o11 行は

$$5z^4 - 48z^3 + 155z^2 - 180z + 38,$$
$$2y + 5z^3 - 33z^2 + 54z + 6,$$
$$2x + 5z^3 - 33z^2 + 56z - 18$$

という3つの多項式を表し，これは確かに例 1.5 で求めた被約グレブナー基底（の定数倍）である．i10 行と i11 行の入力は，まとめて

```
i10 : g=gens gb I
```

としてもよい．得られた g は 1×3 の行列であり，第 (i,j) 成分は g_(i,j) とすれば取り出すことができる．ただし添字は 0 から始まる．

―― グレブナー基底の元の確認 ――
```
i12 : g_(0,0)
         4       3        2
o12 = 5z   - 48z  + 155z  - 180z + 38
o12 : R1
i13 : g_(0,2)
            3      2
o13 = 2x + 5z  - 33z  + 56z - 18
o13 : R1
```

グレブナー基底 g の一つめの元 g_(0,0) は，z のみの多項式になった．連立方程式の解を求めるために，これを因数分解してみよう．

```
─────────────── z について連立方程式を解く ───────────────
 i14 : factor g_(0,0)

           2           2
 o14 = (z  - 4z + 1)(5z  - 28z + 38)

 o14 : Expression of class Product
```

o14 行が有理数体における因数分解

$$5z^4 - 48z^3 + 155z^2 - 180z + 38 = (z^2 - 4z + 1)(5z^2 - 28z + 38)$$

である．これをもとに，例えば $z^2 - 4z + 1 = 0$ のときの x, y の値を求めるには，$z^2 - 4z + 1$ を生成系に加えたイデアルのグレブナー基底を求めるのが簡単であろう．

```
─────────────── z² - 4z + 1 = 0 のときの連立方程式 ───────────────
 i15 : gens gb ideal(g,z^2-4*z+1)
 o15 = | z2-4z+1 2y-3z+19 2x-z-5 |

                1       3
 o15 : Matrix R1  <--- R1
```

o15 行より，まず $z^2 - 4z + 1 = 0$ の解を解の公式から求め，それを $2y - 3z + 19 = 2x - z - 5 = 0$ に代入すれば，連立方程式の解が求められることが分かる．$5z^2 - 28z + 38 = 0$ の場合についても同様である．

関連するコマンドをいくつか紹介しよう．コマンド `leadTerm` は，先頭項を取り出す．先ほど求めたグレブナー基底の先頭項を確認してみよう．

```
─────────────── グレブナー基底のイニシャル単項式 ───────────────
 i16 : leadTerm g
 o16 = | 5z4 2y 2x |

                1       3
 o16 : Matrix R1  <--- R1
```

o16 行より，純辞書式順序に関して

$5z^4 - 48z^3 + 155z^2 - 180z + 38$ の先頭項は $5z^4$,

$2y + 5z^3 - 33z^2 + 54z + 6$ の先頭項は $2y$,

$2x + 5z^3 - 33z^2 + 56z - 18$ の先頭項は $2x$

が確認された．

また，コマンド leadTerm の引数をイデアルにすれば，そのイデアルのイニシャルイデアルの生成系が出力される．

───────── イニシャルイデアルの生成系 ─────────
```
i17 : leadTerm I
o17 = | 5z4 2y 2x |
              1        3
o17 : Matrix R1  <--- R1
```

o17 行は o16 行と一致し，確かにグレブナー基底が計算できていることが確認できた．

ほかの単項式順序でもグレブナー基底を計算してみよう．例えば i2 行で定義した辞書式順序での多項式環 R2 を使うには，i4 行と同様に use で指定する．しかし，i5～i8 行で定義された多項式とイデアルは，すべて多項式環 R1 で定義されているので，これらもまた，改めて R2 で定義し直さなければならない．use R2 の後，i5～i8 行と同じものを再入力してもよいのだが，別の方法として，コマンド map により写すこともできる．例えば多項式環 R1 で定義したイデアル I を，多項式環 R2 に写して，I2 と名前を付けるには，以下のようにする．

───────── 多項式環の変更 ─────────
```
i18 : use R2
o18 = R2
o18 : PolynomialRing
i19 : I2=(map(R2,R1))(I)
              2    2    2
o19 = ideal (x  + y  + 4z  - 90, x - y + z - 12, x*z - 3y - 28)
o19 : Ideal of R2
```

i18 行で多項式環 R2 を指定した後，i19 行で，先ほど R1 で定義したイデアル I を R2 に写し，新たに I2 としている．これで，辞書式順序の多項式環 R2 でイデアル I2 が定義できた．後は，先ほどと同様にグレブナー基底を計算すればよい．

```
―――――――― 辞書式順序でのグレブナー基底の計算 ――――――――
i20 : gens gb I2
o20 = | x-y+z-12  yz-z2-3y+12z-28  2y2+3z2+18y-2  5z3-33z2+2y+54z+6 |
              1          4
o20 : Matrix R2  <--- R2
```

つまり，$x \succ_{\mathrm{lex}} y \succ_{\mathrm{lex}} z$ なる辞書式順序の下でのグレブナー基底は，4 つの多項式

$$\begin{aligned}
&x - y + z - 12, \\
&yz - z^2 - 3y + 12z - 28, \\
&2y^2 + 3z^2 + 18y - 2, \\
&5z^3 - 33z^2 + 2y + 54z + 6
\end{aligned} \tag{1.29}$$

からなる．同様に，逆辞書式順序でも計算する．

```
―――――――― 逆辞書式順序でのグレブナー基底の計算 ――――――――
i21 : use R3;
i22 : I3=(map(R3,R2))(I2);
o22 : Ideal of R3
i23 : gens gb I3
o23 = | x-y+z-12  yz-z2-3y+12z-28  2y2+3z2+18y-2  5z3-33z2+2y+54z+6 |
              1          4
o23 : Matrix R3  <--- R3
```

出力は，辞書式順序と同じものが得られた．一般には，異なる単項式順序に対しては被約グレブナー基底も異なるが，この例では，辞書式順序と逆辞書式順序の被約グレブナー基底は一致し，いずれも式 (1.29) の定数倍となることが分かった．

1.7 Macaulay2 によるグレブナー基底の計算

本節の最後に，Macaulay2 の Tips をいくつか紹介しておく．まず，多項式環の変数の宣言には，いくつかのやり方があり，例えば添字を使った次のような方法もある．

―――― 変数に添字を使った多項式環の指定 ――――
```
i1 : R = QQ[t_1..t_6,x_1..x_4,MonomialOrder=>{6,4}];
i2 : vars R
o2 = | t_1 t_2 t_3 t_4 t_5 t_6 x_1 x_2 x_3 x_4 |
             1           10
o2 : Matrix R  <--- R
i3 : numgens R
o3 = 10
```

この例では i1 行で多項式環 R を定義しているが，変数は .. を使って途中を省略している．i2 行は R の変数を，i3 行は変数の数を，それぞれ表示させる方法である．なお，前ページまでのコードと違って，上の入力は i1 行から新規に始めているが，それまでの定義等が残っているとエラーになるかもしれない．いったんリロードボタンあるいは RESET ボタンをクリックしてから，新規に多項式環の定義をするのが確実である．

.. による省略は，ほかにも例えば次のような使い方ができる．

―――― 多項式環の変数の指定と確認 ――――
```
i4 : R = QQ[a..g];
i5 : vars R
o5 = | a b c d e f g |
           1       7
o5 : Matrix R  <--- R
i6 : numgens R
o6 = 7
i7 : index a
o7 = 0
i8 : index b
o8 = 1
i9 : index a, index d, index g
o9 = (0, 3, 6)
o9 : Sequence
```

この例では i4 行で．．を使って変数 a,b,c,d,e,f,g を定義している．i7, i8, i9 行は，定義した変数のそれぞれが何番目の変数かを確認する方法の例である．先頭の変数は 0 番目とカウントされる．

Macaulay2 の出力は，単項式のベキや分数は改行して表示されるが，見にくい場合は以下のようにすることもできる．

```
─────────── 文字列への変換 ───────────
i1 : R=QQ[x,y,z];
i2 : f=x^2/2+x*y^3-z^4/3
          3    1 4    1 2
o2 = x*y  - -z   + -x
            3      2
o2 : R
i3 : toString f
o3 = x*y^3-(1/3)*z^4+(1/2)*x^2
```

i2 行で定義した多項式 $f = \frac{1}{2}x^2 + xy^3 - \frac{1}{3}z^4$ は，現在の多項式環の単項式順序（ここでは逆辞書式順序）に従って項が並べ替えられて o2 行で表示されているが，複数行にまたがるベキや分数の表示はやや見にくい．i3 行ではコマンド toString で多項式 f を文字列に変換しており，表示は o3 行となる．なお，出力を LaTeX 原稿に貼り付けるときにも，この方法を知っておくと便利である．

Macaulay2 online は，Macaulay2 をインストールなしで手軽に体験することができるため，初学者にとっては大変ありがたいと思う．とはいえ，メンテナンス等でサーバーがダウンしていることもあり，本格的な勉強，研究のためには，やはり自分の計算機にインストールして使う方が安定し，便利である．Macaulay2 のダウンロード，インストールの方法については，本家サイトの Downloads のページの情報[13]を参考にしてほしい．また，Macaulay2 の使い方については，グレブナー道場（[15]）にも説明があるので，合わせて参考にしてほしい．

---

[13] faculty.math.illinois.edu/Macaulay2/Downloads/

1.8 消去定理と連立方程式の解法

前節では，$\mathbb{Q}[x,y,z]$ の多項式

$$f_1 = x^2 + y^2 + 4z^2 - 90,\ f_2 = x - y + z - 12,\ f_3 = xz - 3y - 28$$

で生成されるイデアル $I = \langle f_1, f_2, f_3 \rangle$ のグレブナー基底を，Macaulay2 により計算した．純辞書式順序 $\prec_{\text{purelex}}$，辞書式順序 $\prec_{\text{lex}}$，逆辞書式順序 $\prec_{\text{rev}}$ のそれぞれに関するグレブナー基底のうち，純辞書式順序に関するグレブナー基底だけが，z のみの多項式

$$5z^4 - 48z^3 + 155z^2 - 180z + 38$$

を元に含んでいた．このように，グレブナー基底の元が，**ある一つの変数だけの多項式を含めば**，連立方程式 $f_1 = f_2 = f_3 = 0$ の解を求めるのに都合がよいことは，確認した通りである．もちろん，上の例でこのような都合のよいグレブナー基底が得られたことは偶然ではない．ここではまず，純辞書式順序に関するグレブナー基底が，連立方程式の求解に都合がよい理由を考えよう．

簡単のため変数の数は 3 のままとし，$I = \langle f_1, \ldots, f_r \rangle$ を $K[x, y, z]$ の任意のイデアルとする．このとき，以下が成り立つ．

命題 1.1

$I \cap K[z] \neq \langle 0 \rangle$ であれば，$x \succ_{\text{purelex}} y \succ_{\text{purelex}} z$ なる純辞書式順序に関する I の被約グレブナー基底 G には，$K[z]$ の多項式が一つだけ含まれ，それは一意的である．これを $g^* \in G \cap K[z]$ とすると，$I \cap K[z] = \langle g^* \rangle$ である．

命題に出てきた $I \cap K[z]$ は，I の元のうち変数が z のみのものの集合，つまり，連立方程式 $f_1(x,y,z) = \cdots = f_r(x,y,z) = 0$ から x,y を消去してできる z の多項式全体の集合である．これは明らかに $K[z]$ のイデアルである．1.2 節で見たように，1 変数の多項式環のイデアルは必ず単項イデアルであり，その（一意的に定まる）生成元は次数が最小の元にほかな

らない．つまり上の命題は，被約グレブナー基底 G の元で，かつ $K[z]$ の元である g^* は，$I \cap K[z]$ の元のうち次数が最小の元にほかならないことを主張している．

命題 1.1 の証明　上で述べたことより，$I \cap K[z]$ の任意の元のイニシャル単項式が，$\text{in}_{\prec_{\text{purelex}}}(g^*)$ で割り切れることを示せばよい．いま $f \in I \cap K[z]$ とする．すると $f \in I$ であるから，$\text{in}_{\prec_{\text{purelex}}}(f) \in \text{in}_{\prec_{\text{purelex}}}(I)$ であり，グレブナー基底の定義から，$\text{in}_{\prec_{\text{purelex}}}(f)$ は $\{\text{in}_{\prec_{\text{purelex}}}(g) \mid g \in G\}$ のいずれかで割り切れる．ここで，$\text{in}_{\prec_{\text{purelex}}}(f) \in K[z]$ であるので，$\text{in}_{\prec_{\text{purelex}}}(f)$ を割り切る $\text{in}_{\prec_{\text{purelex}}}(g)$ もまた $K[z]$ の単項式でなければならない．すると，純辞書式順序の定義より，この g のすべての単項式は $K[z]$ の単項式であることが従う．つまり $g = g^*$ である．G は被約グレブナー基底であることから，$G \cap K[z]$ の元は g^* ただ一つである．　□

命題 1.1 を冒頭の連立方程式の例に当てはめれば，I の純辞書式順序の下でのグレブナー基底から，

$$I \cap \mathbb{Q}[z] = \langle 5z^4 - 48z^3 + 155z^2 - 180z + 38 \rangle \tag{1.30}$$

が従う．n 変数の場合であっても同様に，$K[x_1, \ldots, x_n]$ の多項式で定義される連立方程式から，ある一つの変数（x_n とする）以外の変数（$x_1, \ldots, x_{n-1}$）が消去できるのであれば，x_n が「最も小さくなるような」純辞書式順序の下でのグレブナー基底から，$K[x_n]$ の多項式が必ず一つ得られる．

上の性質は，本節の目的である消去定理の特別な場合である．命題 1.1 を拡張するために，いくつかの準備をする．いま，多項式環 $K[x_1, \ldots, x_n]$ に属する多項式で，そこに現れる変数が $x_{i_1}, x_{i_2}, \ldots, x_{i_m}$ のみであるものの集合を考える．ただし $1 \leq i_1 < i_2 < \cdots < i_m \leq n$ とする．これはやはり多項式環となる．多項式環 $K[x_1, \ldots, x_n]$ 上の（つまり M_n の）単項式順序 $\prec$ は，自然に $K[x_{i_1}, x_{i_2}, \ldots, x_{i_m}]$ 上の単項式順序 $\prec'$ を導く．つまり，u, v を $K[x_{i_1}, x_{i_2}, \ldots, x_{i_m}]$ の単項式としたとき，u, v が $K[x_1, \ldots, x_n]$ の単項式として $u \prec v$ のとき，またそのときに限り $u \prec' v$ で

あると定義すれば，$\prec'$ は $K[x_{i_1}, x_{i_2}, \ldots, x_{i_m}]$ 上の単項式順序となる．以上の準備の下で，次の定理が成り立つ．

定理 1.5 （消去定理）

多項式環 $K[x_1, \ldots, x_n]$ のイデアル I の単項式順序 $\prec$ に関するグレブナー基底 G が，条件

$$g \in G, \ \mathrm{in}_{\prec}(g) \in K[x_{i_1}, x_{i_2}, \ldots, x_{i_m}] \ \Rightarrow \ g \in K[x_{i_1}, x_{i_2}, \ldots, x_{i_m}] \tag{1.31}$$

を満たすとする．このとき $G \cap K[x_{i_1}, x_{i_2}, \ldots, x_{i_m}]$ は，$I \cap K[x_{i_1}, x_{i_2}, \ldots, x_{i_m}]$ の，$\prec$ から導かれる $K[x_{i_1}, \ldots, x_{i_m}]$ 上の単項式順序 $\prec'$ に関するグレブナー基底である．

定理 1.5 の証明は，$K[x_{i_1}, \ldots, x_{i_m}]$ のイデアル $I \cap K[x_{i_1}, \ldots, x_{i_m}]$ のイニシャルイデアル $\mathrm{in}_{\prec'}(I \cap K[x_{i_1}, \ldots, x_{i_m}])$ が，$\{\mathrm{in}_{\prec'}(g) \mid g \in G \cap K[x_{i_1}, \ldots, x_{i_m}]\}$ で生成されることを，グレブナー基底の定義に従って示せばよい．

命題 1.1 が定理 1.5 の特別な場合であることは，純辞書式順序から得られるグレブナー基底が $K[x_p, x_{p+1}, \ldots, x_n]$ の形の条件式 (1.31) を満たすことから従う（単項イデアルの生成系は同時にグレブナー基底である）．冒頭の例で計算した純辞書式順序に関するグレブナー基底 $G = \{g_1, g_2, g_3\}$,

$$g_1 = 5z^4 - 48z^3 + 155z^2 - 180z + 38,$$
$$g_2 = 2y + 5z^3 - 33z^2 + 54z + 6,$$
$$g_3 = 2x + 5z^3 - 33z^2 + 56z - 18$$

は，（$K[z]$ だけでなく）$K[y, z]$ についても条件式 (1.31) を満たすので，定理 1.5 から，$\{g_1, g_2\}$ が $y \succ_{\mathrm{purelex}} z$ なる純辞書式順序に関する $I \cap K[y, z]$ のグレブナー基底であることが分かる．

消去定理を用いた連立方程式 $f_1 = \cdots = f_r = 0$ の解法をまとめておこう．

1. $x_1 \succ_{\text{purelex}} x_2 \succ_{\text{purelex}} \cdots \succ_{\text{purelex}} x_n$ なる純辞書式順序に関する $I = \langle f_1, \ldots, f_r \rangle$ の被約グレブナー基底 G を求める.
2. $G \cap K[x_n] \neq \emptyset$ であれば,これが $I \cap K[x_n]$ の被約グレブナー基底である.これを解いて x_n の値を得る.
3. $G \cap K[x_{n-1}, x_n] \neq \emptyset$ であれば,これが $I \cap K[x_{n-1}, x_n]$ の被約グレブナー基底である.2. で求めた x_n を代入して解けば x_{n-1} の値を得る.
4. 以下同様に,$x_{n-2}, x_{n-3}, \ldots, x_1$ の順に値を求めて解を得る.

消去定理は,大変強力な定理である.また,純辞書式順序に限らず,条件式 (1.31) を満足するグレブナー基底が得られるような単項式順序であれば,消去定理が適用できる.2.3 節では,そのような単項式順序を導入する.

本節の最後に,消去定理の適用例として,まえがきで眺めた 2 元分割表の独立モデルの陰的表現について,実際の計算を確認しておこう.いま,2 元分割表のセル確率を表す母数を $\{p_{ij}\}$ とする.2 元分割表に対する基本的なモデルである行と列との独立モデルは,通常は母数表現で

$$p_{ij} = \alpha_i \beta_j, \quad \forall i, j$$

と表すことが多い.これを代数方程式系

$$p_{ij} - \alpha_i \beta_j = 0, \quad \forall i, j$$

とみて $\{\alpha_i\}, \{\beta_j\}$ を消去して陰的表現を求める.Macaulay2 により計算をするためには,分割表のサイズを与えなくてはならないので,今回は 2×3 分割表として計算しよう.セル確率の母数 $\{p_{ij}\}$ に対応する変数には p11,...,p23 を,母数表現の $\{\alpha_i\}, \{\beta_j\}$ に対応する変数には a1,a2,b1,b2,b3 を使う.

───────── 2×3 分割表の独立モデルの陰的表現 ─────────

```
i1 : R=QQ[a1,a2,b1,b2,b3,p11,p12,p13,p21,p22,p23,
         MonomialOrder=>Lex];
i2 : I=ideal(p11-a1*b1,p12-a1*b2,p13-a1*b3,p21-a2*b1,p22-a2*b2,
         p23-a2*b3);
```

1.8 消去定理と連立方程式の解法

```
o2 : Ideal of R
i3 : g=gens gb I
o3 = | p12p23-p13p22 p11p23-p13p21 p11p22-p12p21 b2p23-b3p22
     ------------------------------------------------------------
     b2p13-b3p12 b1p23-b3p21 b1p22-b2p21 b1p13-b3p11 b1p12-b2p11
     ------------------------------------------------------------
     a2b3-p23 a2b2-p22 a2b1-p21 a1p23-a2p13 a1p22-a2p12 a1p21-a2p11
     ------------------------------------------------------------
     a1b3-p13 a1b2-p12 a1b1-p11 |
              1       18
o3 : Matrix R  <--- R
```

i1 行で,多項式環と単項式順序を定義している.ここでは,消去したい変数である a1,a2,b1,b2,b3 を p11,...,p23 よりも前に書き,

$$\alpha_1 \succ_{\text{purelex}} \alpha_2 \succ_{\text{purelex}} \beta_1 \succ_{\text{purelex}} \beta_2 \succ_{\text{purelex}} \beta_3$$
$$\succ_{\text{purelex}} p_{11} \succ_{\text{purelex}} \cdots \succ_{\text{purelex}} p_{23}$$

なる純辞書式順序を定義している.i2 行はイデアル

$$I = \langle p_{ij} - \alpha_i \beta_j, \ i=1,2, \ j=1,2,3 \rangle \subset \mathbb{Q}[\alpha_1, \alpha_2, \beta_1, \beta_2, \beta_3, p_{11}, \ldots, p_{23}]$$

を定義している.i3 行で I のグレブナー基底を求めた結果が o3 行である.消去定理より,o3 行の出力のうち,変数 a1,a2,b1,b2,b3 を含まない元が多項式環 $\mathbb{Q}[p_{11},\ldots,p_{23}]$ のイデアル $I^* = I \cap \mathbb{Q}[p_{11},\ldots,p_{23}]$ のグレブナー基底であり,

$$I^* = \langle p_{12}p_{23} - p_{13}p_{22}, \ p_{11}p_{23} - p_{13}p_{21}, \ p_{11}p_{22} - p_{12}p_{21} \rangle$$

が得られた.これが 2×3 分割表の独立モデルの陰的表現である[14].

---

[14]このような陰的表現の応用例として,離散条件付き分布からのサンプリングの問題を考えたのが,代数統計のもう一方の起源である.Diaconis と Sturmfels の論文 ([10]) である.

第2章

グレブナー基底と実験計画法

　第1章では，多項式環のイデアルのグレブナー基底を導入し，主に連立方程式の問題を通してその性質を確認した．グレブナー基底の計算が有効となる問題は，もちろん，連立方程式の求解だけではない．グレブナー基底は，あるベクトル空間の次元の数え上げや基底の構築のために利用することができ，これらは廣中やBuchbergerがグレブナー基底の着想に至った原点の問題でもある．本章では，この基本的な問題を理解するために必要な，多項式環の剰余環とMacaulayの定理を説明し，実験計画法における母数の識別可能性の問題との関係を示したPistoneとWynnの仕事([24])を説明する．これは，グレブナー基底の理論が統計学に応用された最初の結果である．

2.1　有限個の点集合上の多項式と実験計画法

　最初に，本章で扱う問題を例を使って概説する．

問題 2.1　x軸上の異なる3点$x = a_1, a_2, a_3$において，観測値y_1, y_2, y_3が得られているとする．このとき，3点$\{(a_i, y_i), i = 1, 2, 3\}$を通る高々2次の補間多項式が一意的に定まることを示せ．

解　補間多項式を，母数$\theta_0, \theta_1, \theta_2$を使って

$$\theta_0 + \theta_1 x + \theta_2 x^2 \tag{2.1}$$

と書く．示したいことは，母数に関する連立方程式

$$\begin{pmatrix} y_1 \\ y_2 \\ y_3 \end{pmatrix} = \begin{pmatrix} 1 & a_1 & a_1^2 \\ 1 & a_2 & a_2^2 \\ 1 & a_3 & a_3^2 \end{pmatrix} \begin{pmatrix} \theta_0 \\ \theta_1 \\ \theta_2 \end{pmatrix} = M \begin{pmatrix} \theta_0 \\ \theta_1 \\ \theta_2 \end{pmatrix}$$

が一意的な解をもつこと，すなわち行列 M が逆行列をもつことである．行列 M はファンデルモンド行列とよばれ，その行列式（ファンデルモンドの行列式）は

$$\det(M) = (a_3 - a_2)(a_3 - a_1)(a_2 - a_1)$$

と表される．a_1, a_2, a_3 は互いに異なるので，確かに $\det(M) \neq 0$ である．これで題意が示された．

問題の解答としては以上で十分であるが，グレブナー基底の視点からこの問題を考えてみよう．$f(x)$ を，この3点を通る，つまり

$$f(a_i) = y_i, \quad i = 1, 2, 3 \tag{2.2}$$

を満たす $K[x]$ の任意の多項式とする．観測値 y_1, y_2, y_3 が実数であれば体は $K = \mathbb{R}$ とする．この $f(x)$ を，3次の多項式

$$d(x) = (x - a_1)(x - a_2)(x - a_3)$$

で割り算すれば，$f(x)$ の $d(x)$ に関する標準表示

$$f(x) = q(x)d(x) + r(x) \tag{2.3}$$

が得られる．標準表示の定義より，余り $r(x)$ の次数は $d(x)$ の次数より小さい．また，

$$y_i = f(a_i) = q(a_i)\underbrace{d(a_i)}_{=0} + r(a_i) = r(a_i), \quad i = 1, 2, 3$$

であるから，$r(x)$ は条件を満たす補間多項式である．1 変数の多項式の割り算では余り $r(x)$ は一意的に定まるので，題意が示された． ∎

この問題で，以下の点に注目してほしい．

- 与えられた点を通る補間多項式は，多項式 $d(x)$ に関する標準表示の余り $r(x)$ として求められる．
- $d(x)$ は，与えられた点で 0 となる多項式である．

本章ではこのような，与えられた有限個の点を通る補間多項式の構成方法や，その性質を与える．ここでの補間多項式 $r(x)$ は，与えられた点集合 D（問題 2.1 では $D = \{a_1, a_2, a_3\}$）上で定義される関数 $r : D \to \mathbb{R}$ とみる．このようにみるとき，D の点以外での r の値は考えないから，$r(x)$ を「補間多項式」とよぶのはやや不自然かもしれない．しかし，その都度「$f(a_i) = y_i\,(a_i \in D)$ を満たす D 上の関数 $r(x)$」などとは説明せずに，単に「D 上の補間多項式」とよぶことにしよう．このような，有限個の点集合上の関数，という見方は，統計学においては必ずしも一般的ではない．なぜなら，与えられた点集合をデータ（標本）とみて，それをもとに関数（統計モデル）を作るとき，それにより説明したいのはデータそのものではなく，データの背後にある対象全体（母集団）である，というのが，標本調査の考え方だからである．つまり，統計的データ解析やモデリングの考え方においては，得られた統計モデルの定義域をデータの得られた集合上に限定することは，やや不自然な場合が多い．しかし，**実験計画法**においては，与えられた点集合を，その値には意味がない（あるいは，順序を除いて意味がない），単なる有理数の記号とみなしてよいことがある．例えば以下のような場合である．

【例 2.1】（インスタントコーヒーパックの開発） 美味しいインスタントコーヒーパックを開発したい．一つのパックには，「コーヒーの粉」「砂糖」「粉ミルク」を適量入れるものとし，それぞれ，どのくらいの量を入れるかを実験（試飲）により決めることにする．そこで，コーヒーの粉 (x_1)，砂糖 (x_2)，粉ミルク (x_3) のそれぞれについて，少なめ (-1) と多

表 2.1 20 人の試飲の結果（20 人の点数の平均値．人工データ）

x_1	x_2	x_3	点数
-1	-1	-1	3.9
-1	-1	$+1$	6.1
-1	$+1$	-1	6.8
-1	$+1$	$+1$	4.4
$+1$	-1	-1	6.1
$+1$	-1	$+1$	8.0
$+1$	$+1$	-1	8.4
$+1$	$+1$	$+1$	6.8

め (+1) の 2 タイプを用意し，$2^3 = 8$ 通りのサンプルを作成した．これらを 20 人の被験者が試飲し，10 点満点でつけた点数の平均値が表 2.1 である．この実験から導かれる，美味しいインスタントコーヒーパックの特徴を説明せよ．

実験計画法の文脈では，表 2.1 のような計画を，3 つの 2 水準因子の完全実施計画とよぶ（あるいは，2^3 完全実施要因計画，組合せ配置計画などとよぶこともある）．興味のある応答（ここでは試飲結果の平均点数）への影響を考える要因（ここでは，コーヒーの粉，砂糖，粉ミルク）を**因子 (factor)** とよび，それぞれの因子が取りうる値（ここでは $\{-1, +1\}$）を**水準 (level)** とよぶ．因子の水準の組み合わせ（ここでは $\{-1, +1\}^3$ の 8 点）を**計画 (design)** とよぶ．これらの用語は次節で改めて定義する．

本章では，m 因子の計画として $\mathbb{Q}^m$ の有限個の点集合を考え，計画上で定義される**多項式モデル**を考える．上の例であれば，観測された平均点数 y を，計画点 (x_1, x_2, x_3) ごとに定義される独立な確率変数 Y の実現値とみて，多項式環 $\mathbb{R}[x_1, x_2, x_3]$ の多項式 f を使って

$$Y = f(x_1, x_2, x_3) + \varepsilon$$

と表す．ε は計画点ごとに定義される互いに独立な誤差を表す確率変数である．係数には θ などのギリシャ文字を使い，**母数（パラメータ）**とよ

ぶ．この例であれば，

$$Y = \theta_0 + \theta_1 x_1 + \theta_2 x_2 + \theta_3 x_3 + \varepsilon \tag{2.4}$$

あるいは

$$Y = \theta_0 + \theta_1 x_1 + \theta_2 x_2 + \theta_3 x_3 + \theta_{12} x_1 x_2 + \theta_{13} x_1 x_3 + \theta_{23} x_2 x_3 + \varepsilon \tag{2.5}$$

のような多項式モデルを考え，母数はデータから推定する．式 (2.4) や式 (2.5) 以外にも，さまざまな多項式モデルを考えることができるが，それらのうちで**すべての母数が推定可能である**ものをグレブナー基底の理論を使って特徴づけることが本章の目的である．

一方で，応用統計学の視点からは，どの多項式モデルが最も表 2.1 に適合するのかを考えることが，主要な興味となるだろう．本書は，データ分析の具体的な手法の解説は最小限に留めているが，以下に表 2.1 の分析の一例を紹介しておく．

表 2.1 の分析例　表 2.1 を見ると，平均点数は $(+1, +1, -1)$ の組み合わせが最も高く，「コーヒーと砂糖は多め，粉ミルクは少なめ」がよさそうに思える．しかし，粉ミルクが「多め」の合計 $6.1 + 4.4 + 8.0 + 6.8 = 25.3$ は「少なめ」の合計 $3.9 + 6.8 + 6.1 + 8.4 = 25.2$ よりもわずかに大きい．このことから，式 (2.4) のような**主効果モデル**の当てはまりは悪く，因子間になんらかの組み合わせの効果（**交互作用**）が存在するのではないかと想像することができる．そこで，交互作用を含むモデル（**交互作用モデル**）として，すべての 2 因子交互作用を含むモデル（式 (2.5)）を考え，その当てはまりを検証しよう．そのための代表的な手法に，分散分析がある．表 2.1 のデータについて分散分析表を作成したものが表 2.2 である．母数の推定値は以下のように計算する．表 2.1 の平均点数を

$$\boldsymbol{y} = (y_1, \ldots, y_8)^T = (3.9, \ldots, 6.8)^T$$

とおき，式 (2.5) に現れた母数を

表 2.2 表 2.1 のデータの分散分析表

要因	平方和	自由度	分散	F 値	p 値
x_1	8.2013	1	8.2013	54.2231	0.086
x_2	0.6613	1	0.6613	4.3719	0.284
x_3	0.0013	1	0.0013	0.0083	0.942
$x_1 \times x_2$	0.0013	1	0.0013	0.0083	0.942
$x_1 \times x_3$	0.0312	1	0.0312	0.2066	0.728
$x_2 \times x_3$	8.2013	1	8.2013	54.2231	0.086
誤差	0.1513	1	0.1513		
計	17.2490	7			

$$\boldsymbol{\theta} = (\theta_0, \theta_1, \theta_2, \theta_3, \theta_{12}, \theta_{13}, \theta_{23})^T$$

とおく.ただし,T は転置を表し,以降も同様とする.$\boldsymbol{y}$ に対応する確率変数を $\boldsymbol{Y} = (Y_1, \ldots, Y_8)^T$,誤差ベクトルを $\boldsymbol{\varepsilon} = (\varepsilon_1, \ldots, \varepsilon_8)^T$ とおき,**モデル行列** X を

$$X = \begin{pmatrix} 1 & -1 & -1 & -1 & 1 & 1 & 1 \\ 1 & -1 & -1 & 1 & 1 & -1 & -1 \\ 1 & -1 & 1 & -1 & -1 & 1 & -1 \\ 1 & -1 & 1 & 1 & -1 & -1 & 1 \\ 1 & 1 & -1 & -1 & -1 & -1 & 1 \\ 1 & 1 & -1 & 1 & -1 & 1 & -1 \\ 1 & 1 & 1 & -1 & 1 & -1 & -1 \\ 1 & 1 & 1 & 1 & 1 & 1 & 1 \end{pmatrix} \tag{2.6}$$

とおけば,多項式モデル (2.5) は

$$\boldsymbol{Y} = X\boldsymbol{\theta} + \boldsymbol{\varepsilon} \tag{2.7}$$

と書ける.母数 $\boldsymbol{\theta}$ の推定値 $\hat{\boldsymbol{\theta}}$ を,$\boldsymbol{\theta}$ を固定したときの $\boldsymbol{y}$ の予測値 $\hat{\boldsymbol{y}} = X\boldsymbol{\theta}$ と実際に観測された $\boldsymbol{y}$ との差の 2 乗ノルムを最小にする値として,

2.1 有限個の点集合上の多項式と実験計画法

$$\hat{\boldsymbol{\theta}} = \operatorname*{argmin}_{\boldsymbol{\theta}} \|\boldsymbol{y} - X\boldsymbol{\theta}\|^2$$

と定める．この $\hat{\boldsymbol{\theta}}$ を $\boldsymbol{\theta}$ の**最小 2 乗推定値**という．最小 2 乗推定値は，$\|\boldsymbol{y} - X\boldsymbol{\theta}\|^2$ を $\boldsymbol{\theta}$ の各成分で偏微分して 0 とおいた式（これを**正規方程式**という），

$$X^T X \boldsymbol{\theta} = X^T \boldsymbol{y}$$

を解くことにより求められる．ここでは，$X^T X$ が単位行列 I の定数倍になるので，最小 2 乗推定値は容易に計算でき，

$$\hat{\boldsymbol{\theta}} = (X^T X)^{-1} X^T \boldsymbol{y} = \frac{1}{8} X^T \boldsymbol{y} \tag{2.8}$$

$$= (6.3125, 1.0125, 0.2875, 0.0125, -0.0125, 0.0625, -1.0125)^T \tag{2.9}$$

となる．特に，$X^T X$ が非特異行列であるので母数の推定値が計算できる（つまりすべての母数が**推定可能 (estimable)** である）ことが重要である．

表 2.2 の分散分析表を見ると，$x_2 \times x_3$ の p 値が小さいことが分かる．つまり，砂糖と粉ミルクには 2 因子交互作用が存在すると判断できそうだ．母数の最小 2 乗推定値 $\hat{\theta}_{23} = -1.0125$ の符号から，交互作用の解釈は「砂糖と粉ミルクは，一方を多めにしたときには，もう一方は少なめにした方がよい」となる．一方で，残り 2 つの 2 因子交互作用はいずれも p 値が大きく，誤差と考えて問題ないだろう．すなわち今回の表 2.1 のデータに対しては，

$$Y = \theta_0 + \theta_1 x_1 + \theta_2 x_2 + \theta_3 x_3 + \theta_{23} x_2 x_3 + \varepsilon \tag{2.10}$$

という多項式モデルが最も当てはまりがよさそうである．母数の最小 2 乗推定値は，この多項式モデルに対するモデル行列から新たに計算するまでもなく，式 (2.9) で求めた該当する成分の値

$$\hat{\boldsymbol{\theta}} = (\hat{\theta}_0, \hat{\theta}_1, \hat{\theta}_2, \hat{\theta}_3, \hat{\theta}_{23})^T$$

$$= (6.3125,\ 1.0125,\ 0.2875,\ 0.0125,\ -1.0125)^T$$

表 2.3 プーリング後の分散分析表

要因	平方和	自由度	分散	F 値	p 値
x_1	8.2013	1	8.2013	133.8980	0.0014
x_2	0.6613	1	0.6613	10.7959	0.0462
x_3	0.0013	1	0.0013	0.0204	0.8954
$x_2 \times x_3$	8.2013	1	8.2013	133.8980	0.0014
誤差	0.1838	3	0.0613		
計	17.2490	7			

となる．これは，式 (2.8) から分かるように，母数の最小2乗推定値がモデル行列の各列ベクトルと $\boldsymbol{y}$ との内積を8で割ったものであることから分かる．

最後に，取り除いた2因子交互作用を誤差に組み込んで（この操作をプーリングという）分散分析表を作り直せば，表 2.3 を得る．p 値に注目すると，$x_2 \times x_3$ の2因子交互作用の p 値がさらに小さくなり，また，x_1 の主効果の p 値も小さくなった．これらの結果から示唆される，望ましいインスタントコーヒーパックの説明は，「コーヒーの粉は多い方がよい．砂糖と粉ミルクは，一方を多くしたらもう一方は少なくした方がよく，砂糖を多め，粉ミルクを少なめにするのがよい」となる．

以上は，あくまでデータ分析の一例である．データ分析の理論のポイントとしては，本章で扱う多項式モデルが，式 (2.7) の形に表すことで**線形モデル**の一般論に従って扱える点を理解しておきたい．一方，応用統計学的な視点からは，例えば分散分析表の p 値を見て判断を下すためには，式 (2.7) で誤差の無相関性，等分散性が成り立っていなければならないことなど，いくつか留意する点がある．また，もし20人の点数の素点が得られているのであれば，表 2.1 の平均値の代わりにそれらを使い，被験者間の点数の散らばりを考慮することで，より精度のよい推定ができるであろう．これらの話題については本書では深入りしない．分散分析の理論に関する分かりやすい和書として [17] を挙げておく．

さて，本節の最初の問題 2.1 を思い出し，この例に出てきた計画 $D =$

$\{-1,+1\}^3$ 上の補間多項式について考えよう．D 上の補間多項式は，データが誤差を含まないことを仮定して，式 (2.5) にさらに 3 因子交互作用の項を付け加えた多項式モデル

$f(x_1, x_2, x_3)$
$= \theta_0 + \theta_1 x_1 + \theta_2 x_2 + \theta_3 x_3 + \theta_{12} x_1 x_2 + \theta_{13} x_1 x_3 + \theta_{23} x_2 x_3 + \theta_{123} x_1 x_2 x_3$
(2.11)

として表現できる．これを行列表現する際のモデル行列は，式 (2.6) に一列を加えた

$$X = \begin{pmatrix} 1 & -1 & -1 & -1 & 1 & 1 & 1 & -1 \\ 1 & -1 & -1 & 1 & 1 & -1 & -1 & 1 \\ 1 & -1 & 1 & -1 & -1 & 1 & -1 & 1 \\ 1 & -1 & 1 & 1 & -1 & -1 & 1 & -1 \\ 1 & 1 & -1 & -1 & -1 & -1 & 1 & 1 \\ 1 & 1 & -1 & 1 & -1 & 1 & -1 & -1 \\ 1 & 1 & 1 & -1 & 1 & -1 & -1 & -1 \\ 1 & 1 & 1 & 1 & 1 & 1 & 1 & 1 \end{pmatrix} \quad (2.12)$$

となる．$X^T X$ はやはり非特異行列であるので，正規方程式は陽に解くことができ，母数の最小 2 乗推定値は

$$\hat{\boldsymbol{\theta}} = (X^T X)^{-1} X^T \boldsymbol{y} = \frac{1}{8} X^T \boldsymbol{y}$$
$$= (6.3125, 1.0125, 0.2875, 0.0125, -0.0125, 0.0625,$$
$$-1.0125, 0.1375)^T \quad (2.13)$$

となる．もちろん $\hat{\theta}_{123}$ 以外の推定値は式 (2.9) で求めたものと一致する．母数の最小 2 乗推定値を式 (2.11) に代入したものが，表 2.1 のデータに対する D 上の補間多項式である．ここで，表 2.1 の計画が，連立方程式

$$x_1^2 - 1 = x_2^2 - 1 = x_3^2 - 1 = 0 \quad (2.14)$$

の解集合であることに着目しよう．いま，$f \in \mathbb{R}[x_1, x_2, x_3]$ を，表 2.1 のデータに対する任意の D 上の補間多項式とする[1]．このとき，f の $x_1^2 - 1, x_2^2 - 1, x_3^2 - 1$ に関する標準表示を求めれば，（どのような単項式順序であっても）その余りが式 (2.11) となる．

上の例で当てはまりを確認した，式 (2.4), (2.5), (2.10) の多項式モデルのモデル行列は，いずれも，D 上の補間多項式のモデル行列 (2.12) から列を抜き出して構成できることにも注目しておく．最小 2 乗推定値が計算できるためには，モデル行列 X について $X^T X$ が非特異であればよい，つまり X の**各列が線型独立**であればよい．したがって，すべての母数が推定可能な D 上の補間多項式を求めることができれば，そのいくつかの母数を削る（0 とおく）ことにより，すべての母数を推定可能な多項式モデルを構成することができる．

ここまでは，すべての母数が推定可能な多項式モデルのみを考えたが，母数が推定可能でなくなるのはどのような状況だろうか．これを次の例で考える．

【例 2.2】（例 2.1 の続き）　インスタントコーヒーパックの開発の実験計画において，「コーヒーの粉」「砂糖」「粉ミルク」に加えて因子 x_4「コーヒー豆の挽き方」（-1：細かい，$+1$：粗い）も考慮したい．ただし，被験者が $2^4 = 16$ 杯も試飲を行うのは大変なので，実験回数は先ほどと同じ 8 回のままとしたい．どのような実験を行えばよいか．また，どのような多項式モデルを考えることができるか．

この例で考えているような，完全実施計画の部分集合を**一部実施計画**（あるいは一部実施要因計画）という．どのような一部実施計画を採用するかの方法論は最適計画の理論とよばれ，計画のよさを測る規準にはさま

---

[1] ここで，$f \in \mathbb{Q}[x_1, x_2, x_3]$ でなく実数体 $\mathbb{R}$ で考えることに疑問をもつ読者がいると思う．多項式の係数はモデルの母数で実数値をとるから，$f \in \mathbb{R}[x_1, x_2, x_3]$ で正しい．この点は，後の議論で扱うから，現時点では，2.6 節の最後の例 2.11 で得られている多項式の係数が確かに実数であることを眺める程度にして，とりあえず先に進んでほしい．

2.1 有限個の点集合上の多項式と実験計画法

ざまなものがある．この例のように，2 水準計画で実験回数が完全実施計画の $1/2, 1/4, 1/8, \ldots$ 倍の一部実施計画を選ぶ際には，**レギュラーな一部実施計画**を考えるのが一般的である．レギュラーな 2 水準一部実施計画には例えば以下のようなものがある．

$$D_1 \quad\quad\quad\quad D_2$$

$$
\begin{array}{cccc}
x_1 & x_2 & x_3 & x_4 \\
\end{array}
\quad
\begin{array}{cccc}
x_1 & x_2 & x_3 & x_4 \\
\end{array}
$$

$$
\begin{bmatrix}
-1 & -1 & -1 & 1 \\
-1 & -1 & 1 & -1 \\
-1 & 1 & -1 & -1 \\
-1 & 1 & 1 & 1 \\
1 & -1 & -1 & 1 \\
1 & -1 & 1 & -1 \\
1 & 1 & -1 & -1 \\
1 & 1 & 1 & 1
\end{bmatrix}
\quad
\begin{bmatrix}
-1 & -1 & -1 & -1 \\
-1 & -1 & 1 & 1 \\
-1 & 1 & -1 & 1 \\
-1 & 1 & 1 & -1 \\
1 & -1 & -1 & 1 \\
1 & -1 & 1 & -1 \\
1 & 1 & -1 & -1 \\
1 & 1 & 1 & 1
\end{bmatrix}
\tag{2.15}
$$

D_1 は $x_2 x_3 x_4 = 1$ を満たす 8 点からなる一部実施計画，つまり

$$D_1 = \{(-1,-1,-1,1), (-1,-1,1,-1), \ldots, (1,1,1,1)\} \subset \{-1,1\}^4$$

であり，これを表の形（計画行列）で表したものが式 (2.15) の左である．同様に D_2 は $x_1 x_2 x_3 x_4 = 1$ を満たす 8 点からなる一部実施計画である．一部実施計画を定義する $x_2 x_3 x_4 = 1$ や $x_1 x_2 x_3 x_4 = 1$ のような式を**定義関係 (defining relation)** という．定義関係から定められる一部実施計画がレギュラーな一部実施計画である．

これらの一部実施計画で得られたデータに多項式モデルを当てはめるときに，何が問題となるだろうか．例として，先ほど採用した多項式モデル (2.10) にコーヒー豆の挽き方 x_4 の主効果を加えた多項式モデル

$$Y = \theta_0 + \theta_1 x_1 + \theta_2 x_2 + \theta_3 x_3 + \theta_4 x_4 + \theta_{23} x_2 x_3 + \varepsilon \tag{2.16}$$

を考える．母数を $\boldsymbol{\theta} = (\theta_0, \theta_1, \theta_2, \theta_3, \theta_4, \theta_{23})^T$ とおくと，計画 D_1 に関するモデル行列は

$$X = \begin{pmatrix} 1 & -1 & -1 & -1 & 1 & 1 \\ 1 & -1 & -1 & 1 & -1 & -1 \\ 1 & -1 & 1 & -1 & -1 & -1 \\ 1 & -1 & 1 & 1 & 1 & 1 \\ 1 & 1 & -1 & -1 & -1 & 1 \\ 1 & 1 & -1 & 1 & -1 & -1 \\ 1 & 1 & 1 & -1 & -1 & -1 \\ 1 & 1 & 1 & 1 & 1 & 1 \end{pmatrix}$$

となる．ここで，第 5 列と第 6 列が線型独立でない（一致している）ことが問題である．これは，定義関係 $x_2 x_3 x_4 = 1$ が $x_i^2 = 1$ $(i = 1, \ldots, 4)$ の下で $x_4 = x_2 x_3$ と変形できることから明らかである．つまり計画 D_1 に関して，多項式モデル (2.16) の母数 θ_4 と θ_{23} は同時には推定できない．このモデルでは，x_4 の主効果と $x_2 \times x_3$ の 2 因子交互作用は区別できず，多項式モデルに含むことができるのはいずれか一方のみである．このことを，x_4 の主効果と $x_2 \times x_3$ の 2 因子交互作用は**交絡 (confound) する**という．言葉を換えれば，x_4 と $x_2 x_3$ は，D_1 上で区別できない $\mathbb{R}[x_1, x_2, x_3, x_4]$ の元である．交絡は，主に実験計画法において，研究者，技術者を問わず古くから知られる統計学の重要な概念のひとつである．本書でも，交絡は重要なキーワードのひとつであるが，しばらくの間，交絡の定義はやや曖昧にしたまま話を進め，後に定義 2.6 で，交絡の概念の代数幾何学的な定式化を与える．

計画 D_1 におけるすべての交絡関係を列挙してみよう．そのためには，$x_i^2 = 1$ $(i = 1, \ldots, 4)$ の下で定義関係を変形すればよく，

$$\begin{aligned} &1 = x_2 x_3 x_4, \\ &x_1 = x_1 x_2 x_3 x_4, \\ &x_2 = x_3 x_4, \qquad x_3 = x_2 x_4, \qquad x_4 = x_2 x_3, \\ &x_1 x_2 = x_1 x_3 x_4, \quad x_1 x_3 = x_1 x_2 x_4, \quad x_1 x_4 = x_1 x_2 x_3 \end{aligned} \qquad (2.17)$$

となる．例えば，x_1 の主効果は 4 因子交互作用 $x_1 \times x_2 \times x_3 \times x_4$ と交絡し，2 因子交互作用 $x_1 \times x_2$ は 3 因子交互作用 $x_1 \times x_3 \times x_4$ と交絡する．同様に一部実施計画 D_2 について考えれば，定義関係 $x_1 x_2 x_3 x_4 = 1$ から得られる交絡関係は，

$1 = x_1 x_2 x_3 x_4,$

$x_1 = x_2 x_3 x_4, \quad x_2 = x_1 x_3 x_4, \quad x_3 = x_1 x_2 x_4, \quad x_4 = x_1 x_2 x_3,$

$x_1 x_2 = x_3 x_4, \quad x_1 x_3 = x_2 x_4, \quad x_1 x_4 = x_2 x_3$

となる．今度は 2 因子交互作用 $x_2 \times x_3$ はいずれの主効果とも交絡しないから，多項式モデル (2.16) の母数はすべて，同時に推定可能である[2]．本章では，これらの交絡関係を，グレブナー基底の理論により代数的に記述する方法を学ぶ．

なお，実験計画法では，上でみたような交絡関係のうち，低次の交互作用の交絡関係を適切に扱うことが応用上重要となる．特に，日本においては，3 次以上の交互作用を無視できるという仮定の下で，検証したい 2 因子交互作用と主効果が互いに交絡しないレギュラーな一部実施計画を選択し，モデリングを行うための実践的な手法として，**直交表**や**線点図**を利用する手法が普及している．これらの手法について興味のある読者は，[17] や [30] などの実験計画法の教科書に分かりやすい解説があるので参照してほしい．

それでは，D_1 や D_2 上の補間多項式を標準表示により求めるには，ど

---

[2] したがって，一部実施計画 D_2 を採用するなら，多項式モデル (2.16) を検証することができる．一方，一部実施計画 D_1 を採用する場合，x_4 の主効果と $x_2 \times x_3$ の 2 因子交互作用が交絡するから，これらの片方のみ加えたモデル，例えば

$$Y = \theta_0 + \theta_1 x_1 + \theta_2 x_2 + \theta_3 x_3 + \theta_4 x_4 + \varepsilon$$

であれば検証することができる．しかしその場合，もしも $x_2 \times x_3$ の 2 因子交互作用が「実際は」存在するなら，θ_4 として推定されるのは，x_4 の主効果と $x_2 \times x_3$ の 2 因子交互作用を合わせた効果の大きさとなり，x_4 の主効果の大きさを単独で推定することはできない．つまり，x_4 の主効果の大きさに興味があり，$x_2 \times x_3$ の 2 因子交互作用の存在を明確に否定できない場合は，一部実施計画 D_1 は不適切な計画である，ということになる．

のような多項式による割り算を考えればよいだろうか．ポイントとなるのは式 (2.14) に現れたような**計画上で消える多項式の集合**である．

2.2 計画と計画イデアル

前節で 2 水準計画の例を眺めたが，改めて本章で扱う計画を定義する．

定義 2.1 （計画）

$\mathbb{Q}^n$ の異なる m 点からなる集合 D を n 因子の**計画 (design)** とよぶ．D の元の数 m を計画 D のサイズとよぶ．D の元に適当な順序を付けて

$$D = \{\boldsymbol{d}_1, \ldots, \boldsymbol{d}_m\}, \ \boldsymbol{d}_i = (d_{i1}, \ldots, d_{in}) \in \mathbb{Q}^n, \ i = 1, \ldots, m$$

と表したとき，$m \times n$ 行列 $X = (d_{ij}) \in \mathbb{Q}^{mn}$ を計画 D の**計画行列 (design matrix)** とよぶ．$j = 1, \ldots, n$ について，集合 $\{d_{1j}, \ldots, d_{mj}\}$ の異なる元からなる集合を A_j と書き，因子 j の**水準集合 (level set)** とよぶ．水準集合の直積

$$A_1 \times \cdots \times A_n$$

を**完全実施計画**とよぶ．完全実施計画の真部分集合を**一部実施計画**とよぶ．

上で定義した計画は，実験計画法の教科書では「繰り返しのない計画」とよばれる．前節の例で見たように，計画 $D = \{\boldsymbol{d}_1, \ldots, \boldsymbol{d}_m\} \subset \mathbb{Q}^n$ の各点において得られる実数値の観測値を $\boldsymbol{y} = (y_1, \ldots, y_m) \in \mathbb{R}^m$ と書き，$\boldsymbol{y}$ を**応答 (response)** とよぶ．計画点ごとに一つの応答が得られる場合が繰り返しのない計画であり，複数の応答が得られる場合は繰り返しのある計画となる．本書では繰り返しのない計画のみを扱う．前節の例のように，実際は繰り返しがある場合でも，各点ごとの繰り返し測定の回数が同じであれば，繰り返し測定の和（あるいは平均値）を一つの応答とみな

して繰り返しのない計画として扱うことができる[3]．以降では計画を扱う際，因子の数と計画のサイズを表す変数として，定義に出てきた n と m をそれぞれ用いる．

計画を代数的に扱うために，計画に付随するイデアルを定義する．一般に，K^n の（元の数が有限個とは限らない）任意の部分集合 V について，V に属するすべての点で 0 となる多項式 $f \in K[x_1, \ldots, x_n]$ の集合が定義できる．これを

$$\mathbf{I}(V) = \{f(x_1, \ldots, x_n) \in K[x_1, \ldots, x_n] \mid f(\boldsymbol{a}) = 0,\ \forall \boldsymbol{a} \in V\}$$

と書く．$\mathbf{I}(V)$ はイデアルの定義を満たし，これを集合 V が定めるイデアル（あるいは単に V のイデアル）とよぶ．

一般の集合 $V \subset K^n$ について，集合 V が定めるイデアル $\mathbf{I}(V)$ の性質を確認する．

命題 2.1

K^n の部分集合 V, W について

$$\mathbf{I}(V \cup W) = \mathbf{I}(V) \cap \mathbf{I}(W)$$

が成り立つ．

証明 一般に K^n の部分集合 V, W について $V \subset W$ であれば，定義より，「満足しなければならない制約が多いほど，該当する多項式は少なくなる」から $\mathbf{I}(W) \subset \mathbf{I}(V)$ である．したがって，

$$\mathbf{I}(U \cup V) \subset \mathbf{I}(V),\ \mathbf{I}(U \cup V) \subset \mathbf{I}(W)$$

であるから，

$$\mathbf{I}(U \cup V) \subset \mathbf{I}(V) \cap \mathbf{I}(W)$$

となる．逆の包含関係を示すために，$f \in K[x_1, \ldots, x_n]$ を $\mathbf{I}(V) \cap \mathbf{I}(W)$

---

[3] そのような扱いは，観測値に独立性が仮定できる標準的な設定の下では，計画点ごとの繰り返し測定の和が母数の十分統計量となることから正当化される．

の元とする．この f は V の点でも W の点でも 0 になる，つまり

$$f(a_1,\ldots,a_n)=0,\quad \forall (a_1,\ldots,a_n)\in V,$$
$$f(b_1,\ldots,b_n)=0,\quad \forall (b_1,\ldots,b_n)\in W$$

である．したがって，任意の $V\cup W$ の点で 0 になる．つまり $f\in \mathbf{I}(V\cup W)$ である． □

計画イデアルを定義する．

定義 2.2（計画イデアル）
計画 $D\subset \mathbb{Q}^n$ が定めるイデアル，つまり多項式環 $\mathbb{Q}[x_1,\ldots,x_n]$ のイデアル

$$\mathbf{I}(D)=\{f(x_1,\ldots,x_n)\in\mathbb{Q}[x_1,\ldots,x_n]\mid f(\boldsymbol{d})=0,\ \forall \boldsymbol{d}\in D\}$$

を計画 D の**計画イデアル (design ideal)** とよぶ．

この定義では，計画イデアルを，係数体を $\mathbb{Q}$ とする多項式環 $\mathbb{Q}[x_1,\ldots,x_n]$ のイデアルとして構成しているが，これは計画を $\mathbb{Q}^n$ の部分集合として一般的に定義したことに対応している．一方，因子ごとの水準数が均一な場合には，有限体係数で考える方がより自然であると感じる読者も多いだろう．例えば，2 水準計画であれば，係数体を $\mathbb{Z}/2\mathbb{Z}$ として考えるのは確かに自然である．有限体係数の場合も以降の議論はほぼ同様に展開でき，例えば 2.5 節の Macaulay の定理は有限体係数でも成り立つ．しかし，有限体係数の扱いには若干の技術的な注意が必要となる箇所もあり，また，因子ごとの水準数が不均一な場合にどうするかという問題もある．本書では，計画を一般的に扱えるという点を重視して，定義 2.2 の通り，多項式環 $\mathbb{Q}[x_1,\ldots,x_n]$ のイデアルとして計画イデアルを構成する．

それではまず，簡単な例として，前節で見た 2 水準計画の計画イデアルを確認しておこう．

【例 2.3】（2 水準計画の計画イデアル）　表 2.1 は，$n=3$ 個の 2 水準因子の完全実施計画 $A=A_1\times A_2\times A_3$, $A_i=\{-1,+1\}$ $(i=1,2,3)$ の計画

行列（と観測値）であり，計画イデアルは

$$\mathbf{I}(A) = \langle x_1^2 - 1,\ x_2^2 - 1,\ x_3^2 - 1 \rangle$$

である．式 (2.15) の D_1 と D_2 はいずれも，$n = 4$ 個の 2 水準因子のサイズ $m = 8$ の一部実施計画の計画行列である．計画イデアルはそれぞれ

$$\mathbf{I}(D_1) = \langle x_1^2 - 1,\ x_2^2 - 1,\ x_3^2 - 1,\ x_4^2 - 1,\ x_2 x_3 x_4 - 1 \rangle,$$
$$\mathbf{I}(D_2) = \langle x_1^2 - 1,\ x_2^2 - 1,\ x_3^2 - 1,\ x_4^2 - 1,\ x_1 x_2 x_3 x_4 - 1 \rangle$$

である．

計画イデアルは，計画を代数的に扱う際の基本的な道具となる．計画イデアルと計画の関係を考えるために，1.2 節で導入したアフィン多様体を改めて定義する．

定義 2.3 （アフィン多様体）

多項式環のイデアル $I \subset K[x_1, \ldots, x_n]$ に対し，

$$\mathbf{V}(I) = \{(a_1, \ldots, a_n) \in K^n \mid f(a_1, \ldots, a_n) = 0,\ \forall f \in I\}$$

を I が定める**アフィン多様体 (affine variety)**（あるいは単に I のアフィン多様体）とよぶ．K^n の部分集合 V について，$V = \mathbf{V}(I)$ となる多項式環 $K[x_1, \ldots, x_n]$ のイデアル I が存在するとき，V を単にアフィン多様体とよぶ．

この定義は，1.2 節で導入した「多項式 $f_1, \ldots, f_r$ が定めるアフィン多様体 $\mathbf{V}(f_1, \ldots, f_r)$」と矛盾しない．なぜなら，連立方程式 $f_1 = \cdots = f_r = 0$ の零点の集合は，イデアル $I = \langle f_1, \ldots, f_r \rangle$ の元であるすべての多項式について零点となる，つまり $\mathbf{V}(\langle f_1, \ldots, f_r \rangle) = \mathbf{V}(f_1, \ldots, f_r)$ が成り立つからである．この点はすでに 1.2 節で確認した．

計画と計画イデアルの関係を考えるための準備として，二つのアフィン多様体の和集合と共通部分が，いずれもアフィン多様体となることを確認する．

命題 2.2

$\mathbf{V}(I_1)$ と $\mathbf{V}(I_2)$ を K^n のアフィン多様体とすると，これらの和集合 $\mathbf{V}(I_1) \cup \mathbf{V}(I_2)$ と共通部分 $\mathbf{V}(I_1) \cap \mathbf{V}(I_2)$ はいずれもアフィン多様体であり，

$$\mathbf{V}(I_1) \cup \mathbf{V}(I_2) = \mathbf{V}(\{fg \mid f \in I_1, g \in I_2\}),$$
$$\mathbf{V}(I_1) \cap \mathbf{V}(I_2) = \mathbf{V}(I_1 \cup I_2)$$

である．

証明

（和集合）　$(a_1, \ldots, a_n) \in \mathbf{V}(I_1)$ のとき，任意の $f \in I_1$ について $f(a_1, \ldots, a_n) = 0$ であるから，任意の $g \in K[x_1, \ldots, x_n]$ に対して

$$(fg)(a_1, \ldots, a_n) = f(a_1, \ldots, a_n)g(a_1, \ldots, a_n) = 0,$$

つまり $(a_1, \ldots, a_n)$ は fg の零点となり $\mathbf{V}(I_1) \subset \mathbf{V}(\{fg \mid f \in I_1, g \in I_2\})$ である．$\mathbf{V}(I_2)$ についても同じであるから，和集合について

$$\mathbf{V}(I_1) \cup \mathbf{V}(I_2) \subset \mathbf{V}(\{fg \mid f \in I_1, g \in I_2\})$$

が従う．逆の包含関係を示すために，$\mathbf{V}(I_1) \cup \mathbf{V}(I_2)$ に属さない点 $(a_1, \ldots, a_n) \in K^n$ を任意に選ぶ．すると

$$f(a_1, \ldots, a_n) \neq 0, \quad g(a_1, \ldots, a_n) \neq 0$$

となる $f \in I_1, g \in I_2$ が存在する．この f, g に対して $fg \in \{fg \mid f \in I_1, g \in I_2\}$ であるが $(fg)(a_1, \ldots, a_n) \neq 0$ であるので $(a_1, \ldots, a_n)$ は $\mathbf{V}(\{fg \mid f \in I_1, g \in I_2\})$ に属さない．つまり

$$\mathbf{V}(I_1) \cup \mathbf{V}(I_2) \supset \mathbf{V}(\{fg \mid f \in I_1, g \in I_2\})$$

が従う．

（共通部分）　アフィン多様体の定義より，「制約が多いほど共通零点は少なくなる」から，

$$\mathbf{V}(I_1) \supset \mathbf{V}(I_1 \cup I_2), \ \mathbf{V}(I_2) \supset \mathbf{V}(I_1 \cup I_2)$$

が従い,したがって

$$\mathbf{V}(I_1) \cap \mathbf{V}(I_2) \supset \mathbf{V}(I_1 \cup I_2)$$

である.逆の包含関係を示すために,$\mathbf{V}(I_1) \cap \mathbf{V}(I_2)$ に属す点 $(a_1, \ldots, a_n)$ をとると,任意の $f \in I_1, g \in I_2$ はこの点で 0 となる.つまり

$$f(a_1, \ldots, a_n) = g(a_1, \ldots, a_n) = 0$$

である.したがって $I_1 \cup I_2$ の任意の元もこの点で 0 となる.つまり $(a_1, \ldots, a_n) \in \mathbf{V}(I_1 \cup I_2)$ が従う. □

命題 2.1 と命題 2.2 の後半より,$I \subset K[x_1, \ldots, x_n]$ を $\mathbf{V}(I) \subset K^n$ に対応させる写像 $\mathbf{V}$ と $V \subset K^n$ を $\mathbf{I}(V) \subset K[x_1, \ldots, x_n]$ に対応させる写像 $\mathbf{I}$ は,いずれも,包含関係を逆転させる写像であることが分かる.特に以下が成り立つ.

系 2.1

任意の $I \subset K[x_1, \ldots, x_n]$ と任意の $V \subset K^n$ について

$$I \subset \mathbf{I}(\mathbf{V}(I)), \quad V \subset \mathbf{V}(\mathbf{I}(V))$$

が成り立つ.

以上の準備のもと,計画イデアルと計画の関係を考える.計算代数統計では,計画 D という幾何的な対象の性質を調べるために,D から定義される計画イデアル $\mathbf{I}(D)$ という代数的な対象の性質を調べる.そのような議論を正当化するためには,計画と計画イデアルは一対一,つまり系 2.1 のように $\mathbf{I}$ を $\mathbb{Q}^n$ の部分集合から $\mathbb{Q}[x_1, \ldots, x_n]$ のイデアルへの写像とみたとき,その写像は単射でなければならない.もし単射でないとすると,計画 D から定めた計画イデアル $I = \mathbf{I}(D)$ に関する代数的な性質が,どのような計画に関する性質なのかを議論することが困難となる.また,計

画イデアル $I = \mathbf{I}(D)$ のアフィン多様体 $\mathbf{V}(I)$ は,もとの計画 D に一致してほしい.これらの性質が確かに成立することを確認する(定理 2.1)のが本節の目的である.

まず,一般の K^n の部分集合 $V \subset K^n$ に対しては,$\mathbf{V}(\mathbf{I}(V))$ は V に一致するとは限らなかった(系 2.1)ことを思い出そう.等号が成立しない例には,以下のようなものがある.

【例 2.4】 $\mathbb{R}^2$ の部分集合として,

$$V = \{(a,a) \in \mathbb{R}^2 \mid a > 0\}$$

を考える.このとき,V が定めるイデアルは

$$\mathbf{I}(V) = \langle x_1 - x_2 \rangle$$

となる.このイデアルのアフィン多様体は,

$$\mathbf{V}(\mathbf{I}(V)) = \{(a,a) \in \mathbb{R}^2 \mid a \in \mathbb{R}\}$$

となり,もとの V より大きくなる.

この例のように,K^n の部分集合 V が不等式で定義されるような場合には,$\mathbf{V}(\mathbf{I}(V))$ は V より大きくなることがありうる.では,$\mathbf{V}(\mathbf{I}(V)) = V$ となるような K^n の部分集合 V とは,どのような性質をもつのだろうか.実は,V が**アフィン多様体**であれば $\mathbf{V}(\mathbf{I}(V)) = V$ が成立する.以上の議論により,計画と計画イデアルの一対一性を,次の定理の形でまとめることができる.

定理 2.1
 (i) 計画 $D \subset \mathbb{Q}^n$ はアフィン多様体である.
 (ii) アフィン多様体 $V \subset K^n$ について $\mathbf{V}(\mathbf{I}(V)) = V$ が成り立つ.

証明
(i) D のサイズが $m = 1$ の場合,つまり $D = \{(a_1, \ldots, a_n)\} \subset \mathbb{Q}^n$ の場合は,$K[x_1, \ldots, x_n]$ のイデアル

$$I = \langle x_1 - a_1, \ldots, x_n - a_n \rangle$$

について $D = \mathbf{V}(I)$ と書けるので，D はこの I が定めるアフィン多様体である．D のサイズが $m \geq 2$ の場合，D は D の各点の和集合，つまりアフィン多様体の有限個の和集合であるから，命題 2.2 の前半よりアフィン多様体である．

(ii) 系 2.1 より $\mathbf{V}(\mathbf{I}(V)) \supset V$ は一般的に成り立つ．逆の包含関係を示す．V はアフィン多様体であるから，多項式環 $K[x_1, \ldots, x_n]$ のイデアル I で $V = \mathbf{V}(I)$ となるものが存在する．すると $\mathbf{V}(\mathbf{I}(V)) = \mathbf{V}(\mathbf{I}(\mathbf{V}(I)))$ である．ここで系 2.1 より $I \subset \mathbf{I}(\mathbf{V}(I))$ であるから，命題 2.2 の共通部分の証明の冒頭の議論より $\mathbf{V}(I) \supset \mathbf{V}(\mathbf{I}(\mathbf{V}(I)))$ である．つまり $\mathbf{V}(\mathbf{I}(V)) \subset V$ である． □

以上により，計画から計画イデアルの写像の一対一性が確認できた．なお，逆写像についての議論，つまり系 2.1 の前半で $I = \mathbf{I}(\mathbf{V}(I))$ が成立するための条件を一般的に論ずるのは，やや難しい．この部分は次節以降の議論には影響しないので，本書では深入りせず結論だけを述べる．体 K が代数的閉体のときには，

$$\mathbf{I}(\mathbf{V}(I)) = \sqrt{I} \tag{2.18}$$

が成立する．ここで $\sqrt{I}$ は I の**根基 (radical)** とよぶ．一般に，多項式環 $K[x_1, \ldots, x_n]$ のイデアル I の根基 $\sqrt{I}$ とは，ある正の整数 m について f^m が属すような多項式 f の集合，つまり

$$\sqrt{I} = \{f \in K[x_1, \ldots, x_n] \mid \exists m > 0, \, f^m \in I\}$$

と定義される．$\sqrt{I} \supset I$ が成り立つことは明らかであるが，等号は一般には成り立たない．イデアル I が**根基イデアル**であるとは，$I = \sqrt{I}$ が成り立つときにいう．つまり，代数的閉体で，根基イデアルだけを考えるのなら，写像 $\mathbf{V}$ と $\mathbf{I}$ は全単射で，互いに逆写像となる．式 (2.18) は **Hilbert の（強）零点定理 (Nullstellensatz)** とよばれる．

さて，計画 $D \subset \mathbb{Q}^n$ の計画イデアル $\mathbf{I}(D) \subset K[x_1,\ldots,x_n]$ については，定理 2.1 からただちに

$$\mathbf{I}(\mathbf{V}(\mathbf{I}(D))) = \mathbf{I}(D)$$

が得られる．すなわち計画イデアル $\mathbf{I}(D)$ は根基イデアルであることが分かる．実際，ある正の整数 m について $f^m(x_1,\ldots,x_m) = 0, \forall (x_1,\ldots,x_n) \in D$ であるなら，$f(x_1,\ldots,x_m) = 0, \forall (x_1,\ldots,x_n) \in D$ が成立することは明らかである．

本書の内容からはやや脱線するが，根基イデアルは，写像 $\mathbf{V}$ でその零点を考え，さらに写像 $\mathbf{I}$ でその零点で消える多項式の集合を考えたときに，もとのイデアルの元に含まれない「余分な元」が生じることがない，性質のよい（解析しやすい）イデアルである．計画イデアルがこの意味で代数的に性質のよい対象であることは，実験計画法の分野に代数学の研究者が参入し，計算代数統計という新たな分野が発展した理由のひとつなのかもしれない．Hilbert の零点定理と根基イデアルについて詳しく学びたい読者は，文献 [8] の第 4 章などを参照してほしい．

2.3 計画イデアルの計算

本節では，計画イデアルの実際の計算方法について考える．特に，一般的に与えられた計画の計画イデアルを求めるためには，消去定理（定理 1.5）が重要な役割を果たす．1.8 節では消去定理を適用できる単項式順序として純辞書式順序を考えたが，本節では実用上便利な，消去順序，ブロック順序を導入する．

まず，例 2.3 の 2 水準計画を拡張して，計画イデアルの生成系が容易に求められる例を確認する．

【例 2.5】（完全実施計画の計画イデアル） n 因子の完全実施計画を $D = A_1 \times \cdots \times A_n \subset \mathbb{Q}^n$ とおく．ただし，$j = 1,\ldots,n$ について，因子 j の水準集合を

$$A_j = \{a_{j1}, a_{j2}, \ldots, a_{jr_j}\}$$

とおく．r_j は因子 j の異なる水準の数であり，計画のサイズは $m = \prod_{j=1}^{n} r_j$ である．$j = 1, \ldots, n$ に対して 1 変数多項式

$$f_j(x_j) = (x_j - a_{j1})(x_j - a_{j2}) \cdots (x_j - a_{jr_j})$$

を定義すれば，完全実施計画 D は連立方程式

$$f_1(x_1) = \cdots = f_n(x_n) = 0$$

の解集合にほかならないから，計画イデアルは

$$\mathbf{I}(D) = \langle f_1(x_1), \ldots, f_n(x_n) \rangle \tag{2.19}$$

である．

次に，例 2.3 で見たような，レギュラーな一部実施計画を考える．レギュラーな一部実施計画の計画イデアルは，定義関係が定めるいくつかの多項式を完全実施計画の生成系に加えることで得られる．これを以下の例で確認する．本書では，レギュラーな一部実施計画の定義は省略するが，興味のある読者は [29] あるいは [30] などを参照してほしい．レギュラーな一部実施計画は，計画のサイズが（例えば 2 水準計画であれば完全実施計画の $1/2, 1/4, \ldots$ に）限定されるという欠点はあるが，直交性などのさまざまなよい性質をもつことが知られている．また，定義関係による代数的に簡明な記述も可能であるため，実験計画法の理論において最も重要な一部実施計画のクラスである．

【例 2.6】（レギュラーな一部実施計画の計画イデアルの例） 例 2.3 で見た二つのレギュラーな一部実施計画は，いずれも定義関係が一つの関係式で表されていたが，定義関係の関係式は複数あってもよい．例えば定義関係が

$$x_1 x_2 x_4 = x_1 x_3 x_5 = 1 \tag{2.20}$$

で与えられる一部実施計画（2^{5-2} 計画）を D_3 とする．また，3 水準以上の計画でもレギュラーな一部実施計画を考えることができる．例えば 3 水準を $\{0, 1, 2\}$ とおき，定義関係

$$x_1 + x_2 + x_3 = 0 \pmod{3}$$
$$x_1 + 2x_2 + 2x_4 = 0 \pmod{3}$$
(2.21)

で定められるレギュラーな一部実施計画（3^{3-2} 計画）を D_4 とする．D_3，D_4 の計画行列は以下である．

D_3

x_1	x_2	x_3	x_4	x_5
1	1	1	1	1
1	1	-1	1	-1
1	-1	1	-1	1
1	-1	-1	-1	-1
-1	1	1	-1	-1
-1	1	-1	-1	1
-1	-1	1	1	-1
-1	-1	-1	1	1

D_4

x_1	x_2	x_3	x_4
0	0	0	0
0	1	2	2
0	2	1	1
1	0	2	1
1	1	1	0
1	2	0	2
2	0	1	2
2	1	0	1
2	2	2	0

(2.22)

D_3 の計画イデアルは

$$\mathbf{I}(D_3) = \langle x_1^2 - 1, \ldots, x_5^2 - 1, x_1 x_2 x_4 - 1, x_1 x_3 x_5 - 1 \rangle$$

である．D_4 については，水準が $\{0, 1, 2\}$ であるので，定義関係 (2.21) を

$$x_1 + x_2 + x_3 = 0, 3, 6$$
$$x_1 + 2x_2 + 2x_4 = 0, 3, 6, 9$$

と書き直して考えればよい．つまり D_4 を定める連立方程式は

$$\begin{cases} x_1(x_1-1)(x_1-2) = 0 \\ x_2(x_2-1)(x_2-2) = 0 \\ x_3(x_3-1)(x_3-2) = 0 \\ x_4(x_4-1)(x_4-2) = 0 \\ (x_1+x_2+x_3)(x_1+x_2+x_3-3)(x_1+x_2+x_3-6) = 0 \\ (x_1+2x_2+2x_4)(x_1+2x_2+2x_4-3)(x_1+2x_2+2x_4-6) \\ \qquad \times (x_1+2x_2+2x_4-9) = 0 \end{cases}$$

と書けるので，計画イデアルは

$$\begin{aligned} \mathbf{I}(D_4) = \langle &x_1(x_1-1)(x_1-2),\ x_2(x_2-1)(x_2-2), \\ &x_3(x_3-1)(x_3-2),\ x_4(x_4-1)(x_4-2), \\ &(x_1+x_2+x_3)(x_1+x_2+x_3-3)(x_1+x_2+x_3-6), \\ &(x_1+2x_2+2x_4)(x_1+2x_2+2x_4-3)(x_1+2x_2+2x_4-6) \\ &\qquad \times (x_1+2x_2+2x_4-9) \rangle \end{aligned} \quad (2.23)$$

となる．

任意のレギュラーな一部実施計画について，同様の方法で計画イデアルが求められることは明らかであろう．なお，上の例では，2水準のレギュラーな一部実施計画は式 (2.20) のような積型の定義関係で，3水準のレギュラーな一部実施計画は式 (2.21) のような和型の定義関係で表しているが，この点は本質的ではない．例えば積型の定義関係 (2.20) は，水準を $\{0,1\}$ と置き直して

$$x_1 + x_2 + x_4 = 0 \pmod{2}$$
$$x_1 + x_3 + x_5 = 0 \pmod{2}$$

と和型の関係式で表すこともできる．逆に，D_4 のような p 水準のレギュラーな一部実施計画を積型の定義関係で表すために，水準を1の p 乗根 $\{1, \omega, \omega^2, \ldots, \omega^{p-1}\}$ で表すという方法もある．例えば式 (2.21) の定義関

係は，水準を 1 の 3 乗根 $\{1, \exp(2\pi\sqrt{-1}/3), \exp(-2\pi\sqrt{-1}/3)\}$ に置き替えれば

$$x_1 x_2 x_3 = x_1 x_2^2 x_4^2 = 1$$

と積型で表すことができる．さらに，水準を実数で表す別の方法も提案されている．これらは，水準を有理数と定めている本書の計画の定義から外れるのでこれ以上は触れないが，興味のある読者は [22], [23] を参照してほしい．

次に，一般の m 点からなる計画 $D \subset \mathbb{Q}^n$ を考える．定理 2.1 の証明で見たように，D は各点が定めるアフィン多様体の和集合であるから，その計画イデアルは，命題 2.1 で見たように，各点が定める計画イデアルの共通部分となる．つまり，計画 D を

$$D = \{\boldsymbol{d}_1, \ldots, \boldsymbol{d}_m\},\ \boldsymbol{d}_i = (d_{i1}, \ldots, d_{in}) \in \mathbb{Q}^n,\ i = 1, \ldots, m \qquad (2.24)$$

と書けば，各点が定める計画イデアルは

$$\mathbf{I}(\{\boldsymbol{d}_i\}) = \langle x_1 - d_{i1},\ \ldots,\ x_n - d_{in} \rangle,\ i = 1, \ldots, m$$

であるから，その共通部分として

$$\mathbf{I}(D) = \bigcap_{i=1}^{m} \mathbf{I}(\{\boldsymbol{d}_i\}) = \bigcap_{i=1}^{m} \langle x_1 - d_{i1},\ \ldots,\ x_n - d_{in} \rangle$$

を得る．この生成系を求める方法を考えよう．

一般的な設定で，イデアルの和と共通部分について考える．I, J を $K[x_1, \ldots, x_n]$ のイデアルとするとき，その和 $I + J$ と共通部分 $I \cap J$ を

$$I + J = \{f + g \mid f \in I, g \in J\},$$
$$I \cap J = \{f \mid f \in I, f \in J\}$$

と定義する．これらはいずれも $K[x_1, \ldots, x_n]$ のイデアルである．I の生成系 $\{f_1, f_2, \ldots\}$ と J の生成系 $\{g_1, g_2, \ldots,\}$ が既知であれば，$I + J$ の生成系は $\{f_1, f_2, \ldots, g_1, g_2, \ldots,\}$ である．しかし $I \cap J$ の生成系はそれほど

簡単ではない．

イデアルの共通部分を求めるためには，消去定理を使う．いま，I, J を $K[x_1, \ldots, x_n]$ のイデアルとする．また，多項式環 $K[x_1, \ldots, x_n]$ に変数 t を追加した $n+1$ 変数の多項式環 $K[t, x_1, \ldots, x_n]$ を考える．多項式環 $K[t, x_1, \ldots, x_n]$ のイデアル tI と $(1-t)J$ を

$$tI = \langle \{tf \mid f \in I\} \rangle,$$
$$(1-t)J = \langle \{(1-t)f \mid f \in J\} \rangle$$

と定義する．

補題 2.1

多項式環 $K[x_1, \ldots, x_n]$ のイデアルとして

$$I \cap J = (tI + (1-t)J) \cap K[x_1, \ldots, x_n]$$

が成り立つ．

証明 $f \in K[x_1, \ldots, x_n]$ が $I \cap J$ に属していると仮定する．このとき $f \in I$ から $tf \in tI$ が，$f \in J$ から $(1-t)f \in (1-t)J$ が，それぞれ従う．このとき $f = tf + (1-t)f \in tI + (1-t)J$ である．

逆の包含関係を示す．$f \in K[x_1, \ldots, x_n]$ が $tI + (1-t)J$ に属していると仮定する．このとき

$$f(x_1, \ldots, x_n) = t \sum_i f_i(x_1, \ldots, x_n) h_i(t, x_1, \ldots, x_n)$$
$$+ (1-t) \sum_j f'_j(x_1, \ldots, x_n) h'_j(t, x_1, \ldots, x_n)$$

となる $f_i \in I, f'_j \in J, h_i, h'_j \in K[t, x_1, \ldots, x_n]$ が存在する．この右辺には t が現れているが，左辺は t を含まない $K[x_1, \ldots, x_n]$ の多項式であるので，右辺を展開して t でまとめたときの t を含む部分は 0 となっているはずである．したがって，右辺は t に適当な値を代入しても変化しない．特に，$t = 0$ とおくと，$f \in J$ が従い，$t = 1$ とおくと $f \in I$ が従う．つまり $f \in I \cap J$ である． □

この補題により，多項式環 $K[x_1,\ldots,x_n]$ のイデアル I の生成系 $\{f_1, f_2,\ldots\}$ とイデアル J の生成系 $\{g_1, g_2,\ldots\}$ が既知であれば，$tI+(1-t)J$ の生成系は

$$\{tf_1, tf_2,\ldots,(1-t)g_1,(1-t)g_2,\ldots\}$$

となる．このイデアルと $K[x_1,\ldots,x_n]$ の共通部分を求めればよく，消去定理が使える．消去定理（定理 1.5）の条件式 (1.31) は，この場合は次のようになる．多項式環 $K[t,x_1,\ldots,x_n]$ のイデアル $tI+(1-t)J$ の単項式順序 $\prec$ に関するグレブナー基底 G が，条件

$$g \in G,\ \mathrm{in}_{\prec}(g) \in K[x_1,\ldots,x_n] \Rightarrow g \in K[x_1,\ldots,x_n]$$

を満たすとする．このとき，$G \cap K[x_1,\ldots,x_n]$ は $tI+(1-t)J \cap K[x_1,\ldots,x_n]$ の $\prec$ から導かれる $K[x_1,\ldots,x_n]$ の単項式順序 $\prec'$ に関するグレブナー基底である．

条件を満たす単項式順序で一番簡単なものは，純辞書式順序である．つまり，

$$t \succ x_1 \succ \cdots \succ x_n$$

なる純辞書式順序に関する $tI+(1-t)J$ のグレブナー基底 G の元のうち，t を含まない元の集合は，$tI+(1-t)J \cap K[x_1,\ldots,x_n]$ の

$$x_1 \succ \cdots \succ x_n$$

なる純辞書式順序に関するグレブナー基底であることが保証される．

以上の準備のもと，式 (2.24) で与えられる計画 D の計画イデアル $\mathbf{I}(D)$ を考えよう．上の議論を 3 つ以上のイデアルの共通部分に拡張するのは容易であり，計画イデアル $\mathbf{I}(D)$ は

$$\mathbf{I}(D) = \bigcap_{i=1}^{m} \mathbf{I}(\{\boldsymbol{d}_i\}) = \bigcap_{i=1}^{m} \langle x_1 - d_{i1}, \ldots, x_n - d_{in} \rangle$$
$$= \langle\, t_1(x_1 - d_{11}), \ldots, t_1(x_n - d_{1n}), t_2(x_1 - d_{21}), \ldots, t_2(x_n - d_{2n}),$$
$$\cdots, t_m(x_1 - d_{m1}), \ldots, t_m(x_n - d_{mn}), t_1 + \cdots + t_m - 1 \,\rangle$$
$$\cap K[x_1, \ldots, x_n]$$

と表すことができる．したがって，単項式順序として例えば

$$t_1 \succ \cdots \succ t_m \succ x_1 \succ \cdots \succ x_n$$

なる純辞書式順序をとり，グレブナー基底を計算すれば，消去定理より $\mathbf{I}(D)$ のグレブナー基底（つまり生成系）を得ることができる．

消去定理の条件 (1.31) を満たす単項式順序を**消去順序**とよぶ．純辞書式順序は確かに消去順序のひとつであるが，実は，辞書式順序や逆辞書式順序のような次数を考慮した単項式順序に比べて，計算効率の面で望ましくない．したがって，できることなら辞書式順序や逆辞書式順序のような次数を考慮した単項式順序を消去定理でも使いたい．そのために有用となるのが次の定義である．

定義 2.4 （ブロック順序）

$K[x_1, \ldots, x_n]$ の単項式順序 $\prec_X$ と $K[t_1, \ldots, t_m]$ の単項式順序 $\prec_T$ が与えられているとき，$K[x_1, \ldots, x_n, t_1, \ldots, t_m]$ の単項式順序 $\prec$ を，$u_T, v_T \in K[t_1, \ldots, t_m]$ と $u_X, v_X \in K[x_1, \ldots, x_n]$ をそれぞれ単項式としたとき

$$u_T u_X \prec v_T v_X \Leftrightarrow u_T \prec_T v_T \text{ または } (u_T = v_T \text{ かつ } u_X \prec_X v_X)$$

で定義すれば，$\prec$ は $K[x_1, \ldots, x_n, t_1, \ldots, t_m]$ 上の消去順序となる．この $\prec$ を，$\{t_1, \ldots, t_m\} \succ \{x_1, \ldots, x_n\}$ なる**ブロック順序**という．

定義より，ブロック順序から導かれるグレブナー基底は消去定理の条件式 (1.31) を満足することに注目しよう．つまり，I を多項式環 $K[x_1, \ldots, x_n, t_1, \ldots, t_m]$ のイデアルとするとき，$\{t_1, \ldots, t_m\} \succ \{x_1, \ldots, x_n\}$ なる任意のブロック順序に関する I のグレブナー基底 G を求めれば，$\prec$ の

$K[x_1,\ldots,x_n]$ への制限 $\prec'$ に関して，$G \cap K[x_1,\ldots,x_n]$ は $I \cap K[x_1,\ldots,x_n]$ のグレブナー基底となることが従う．

消去定理の実際の適用において，計算効率の点でブロック順序は大変有用である．簡単な問題でブロック順序に慣れておこう．

> **問題 2.2** $\{t_1, t_2\} \succ \{x_1, x_2\}$ なるブロック順序で逆辞書式順序
> $$t_1 \succ_{\text{rev}} t_2, \quad x_1 \succ_{\text{rev}} x_2$$
> を適用する．このとき，t_1, t_2 の2次以下の単項式と x_1, x_2 の2次以下の単項式を掛け合わせてできるすべての単項式を，大きい順に並べよ．

解 掛け合わせる t_1, t_2 の単項式と x_1, x_2 の単項式はそれぞれ

$$t_1^2 \succ t_1 t_2 \succ t_2^2 \succ t_1 \succ t_2 \succ 1$$
$$x_1^2 \succ x_1 x_2 \succ x_2^2 \succ x_1 \succ x_2 \succ 1$$

となるから，答えは

$t_1^2 x_1^2$	$t_1^2 x_1 x_2$	$t_1^2 x_2^2$	$t_1^2 x_1$	$t_1^2 x_2$	t_1^2
$t_1 t_2 x_1^2$	$t_1 t_2 x_1 x_2$	$t_1 t_2 x_2^2$	$t_1 t_2 x_1$	$t_1 t_2 x_2$	$t_1 t_2$
$t_2^2 x_1^2$	$t_2^2 x_1 x_2$	$t_2^2 x_2^2$	$t_2^2 x_1$	$t_2^2 x_2$	t_2^2
$t_1 x_1^2$	$t_1 x_1 x_2$	$t_1 x_2^2$	$t_1 x_1$	$t_1 x_2$	t_1
$t_2 x_1^2$	$t_2 x_1 x_2$	$t_2 x_2^2$	$t_2 x_1$	$t_2 x_2$	t_2
x_1^2	$x_1 x_2$	x_2^2	x_1	x_2	1

である．

Macaulay2 でもブロック順序を使うことができる．例として，次の一部実施計画 D_5 の計画イデアルを求めよう．

2.3 計画イデアルの計算

$$D_5 \quad \begin{array}{|rrrr|} \hline x_1 & x_2 & x_3 & x_4 \\ \hline -1 & -1 & 1 & 1 \\ -1 & 1 & -1 & 1 \\ -1 & 1 & 1 & -1 \\ 1 & -1 & -1 & 1 \\ 1 & -1 & 1 & -1 \\ 1 & 1 & -1 & -1 \\ \hline \end{array} \tag{2.25}$$

この計画は，定義関係が $x_1 x_2 x_3 x_4 = 1$ の 2^{4-1} 計画から 6 点を抜き出した計画である．Macaulay2 による計算コードは以下のようになる．

─── 消去定理による計画イデアルの計算 ───
```
i1 : R = QQ[t1,t2,t3,t4,t5,t6,x1,x2,x3,x4,MonomialOrder=>{6,4}];
i2 : I = ideal(t1*(x1+1),t1*(x2+1),t1*(x3-1),t1*(x4-1),
               t2*(x1+1),t2*(x2-1),t2*(x3+1),t2*(x4-1),
               t3*(x1+1),t3*(x2-1),t3*(x3-1),t3*(x4+1),
               t4*(x1-1),t4*(x2+1),t4*(x3+1),t4*(x4-1),
               t5*(x1-1),t5*(x2+1),t5*(x3-1),t5*(x4+1),
               t6*(x1-1),t6*(x2-1),t6*(x3+1),t6*(x4+1),
               t1+t2+t3+t4+t5+t6-1);
o2 : Ideal of R
i3 : g = gens gb I
o3 = | x1+x2+x3+x4 x4^2-1 x3^2-1 x2x3+x2x4+x3x4+1 x2^2-1
     ------------------------------------------------------
     4t6-x3x4+x3+x4-1 4t5-x2x4+x2+x4-1 4t4+x2x4+x3x4+x2+x3
     ------------------------------------------------------
     4t3+x2x4+x3x4-x2-x3 4t2-x2x4-x2-x4-1 4t1-x3x4-x3-x4-1 |
             1        11
o3 : Matrix R  <--- R
i4 : selectInSubring(1,g)
o4 = | x1+x2+x3+x4 x4^2-1 x3^2-1 x2x3+x2x4+x3x4+1 x2^2-1 |
             1        5
o4 : Matrix R  <--- R
```

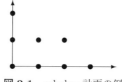

図 2.1 echelon 計画の例

この例では，i1 行で

$$\{t_1 \succ_{\mathrm{rev}} \cdots \succ_{\mathrm{rev}} t_6\} \succ \{x_1 \succ_{\mathrm{rev}} \cdots \succ_{\mathrm{rev}} x_4\}$$

なるブロック順序を定義し，i4 行で最初のブロック $\{t_1,\ldots,t_6\}$ の変数を含まない g の元を求めている．o4 行より，この計画の計画イデアルの逆辞書式順序に関する被約グレブナー基底

$$\begin{aligned}\mathbf{I}(D_5) = \{&x_1 + x_2 + x_3 + x_4,\ x_4^2 - 1,\ x_3^2 - 1,\\ &x_2 x_3 + x_2 x_4 + x_3 x_4 + 1,\ x_2^2 - 1\}\end{aligned} \quad (2.26)$$

が得られた．

消去定理を使った計画イデアルの計算の例をもう一つ紹介する．

【例 2.7】（echelon 計画） 計画 $D \subset \mathbb{Z}_{\geq 0}^n$ は条件

$$(d_1,\ldots,d_n) \in D \Rightarrow (y_1,\ldots,y_n) \in D,\ 0 \leq \forall y_j \leq d_j,\ j=1,\ldots,n$$

を満足するとき，**echelon 計画**とよばれる．例えば，

$$D = \{(0,0),(1,0),(2,0),(3,0),(0,1),(1,1),(2,1),(0,2)\}$$

は echelon 計画である（図 2.1）．この計画イデアルを Macaulay2 で求めよう．先ほどと同様，計画イデアルを定義する．

─────── echelon 計画の計画イデアル ───────
```
i5 : R=QQ[t1,t2,t3,t4,t5,t6,t7,t8,x,y,MonomialOrder=>{8,2}];
i6 : I=ideal(t1*x,t1*y,t2*(x-1),t2*y,t3*(x-2),t3*y,t4*(x-3),t4*y,
             t5*x,t5*(y-1),t6*(x-1),t6*(y-1),t7*(x-2),t7*(y-1),
             t8*x,t8*(y-2),t1+t2+t3+t4+t5+t6+t7+t8-1);
```

```
o6 : Ideal of R
```

i5 行で

$$\{t_1 \succ_{\mathrm{rev}} \cdots \succ_{\mathrm{rev}} t_8\} \succ \{x \succ_{\mathrm{rev}} y\}$$

なるブロック順序を定義している．i6 行のイデアルの定義における，各多項式と計画点の対応を確認してほしい．

―――――― echelon 計画の計画イデアルのグレブナー基底 ――――――
```
i7 : g=gens gb I
o7 = | y3-3y2+2y xy2-xy x3y-3x2y+2xy x4-6x3+11x2-6x 2t8-y2+y
     --------------------------------------------------------
     2t7-x2y+xy t6+x2y-2xy 2t5-x2y+3xy+2y2-4y 6t4-x3+3x2-2x
     --------------------------------------------------------
     2t3+x3+x2y-4x2-xy+3x 2t2-x3-2x2y+5x2+4xy-6x
     --------------------------------------------------------
     6t1+x3+3x2y-6x2-9xy-3y2+11x+9y-6 |
               1        12
o7 : Matrix R  <--- R
i8 : selectInSubring(1,g)
o8 = | y3-3y2+2y xy2-xy x3y-3x2y+2xy x4-6x3+11x2-6x |
               1        4
o8 : Matrix R  <--- R
```

o8 行より，計画イデアルの逆辞書式順序に関する被約グレブナー基底は

$$\{y^3 - 3y^2 + 2y,\ xy^2 - xy,\ x^3y - 3x^2y + 2xy,\ x^4 - 6x^3 + 11x^2 - 6x\} \tag{2.27}$$

であると分かる．echelon 計画の計画イデアルに関しては研究が進んでおり，グレブナー基底の一般形が [21]，[25] 等に与えられている．

2.4　計画上の多項式関数と剰余環

前節で確認したように，一般の計画の計画イデアルは消去定理により計

算されるので,結果的にグレブナー基底として生成系が得られる.一方,レギュラーな2水準計画などでは,定義関係から生成系が自明に求められるが,この場合も(単なる生成系ではない)グレブナー基底を求めることにはメリットがある.それを理解するための準備として,本節ではアフィン多様体上の多項式関数と剰余環の概念を導入し,両者の関係を整理する.

定理 2.1 では,本書で扱うサイズ m の計画 $D \subset \mathbb{Q}^n$ がアフィン多様体であることを確認した.この計画 D 上で得られる観測値(応答)を $y_1, \ldots, y_m \in K$ とおく.以降では一般的な体 K として話を進めるが,通常は応答は実数であるので $K = \mathbb{R}$ として考えればよい.まず,応答を計画 D 上の関数 Φ とみる.

$$\begin{array}{rccc} \Phi: & D & \to & K \\ & (d_1, \ldots, d_n) & \mapsto & y = \Phi(d_1, \ldots, d_n) \end{array}$$

Φ はしばしば**応答関数**とよばれる.応答関数は,入力に対して常に出力が決まった値となる物理系などで使われる考え方である.一方,統計学では,応答は確率変数の実現値とみるため,これを D の値から「関数関係によって一意的に」定まると考えることには不自然な面もある.本書ではまず,応答を残差なしで説明するモデル(補間多項式)の構築のために,応答関数を導入する.また,そこで導かれる理論は,D 上の多項式モデルの母数の推定可能性(識別性)の問題に応用できることを,2.7 節で示す.

定義域が連続の場合,つまり実数値の区間や(多変数の場合は)その直積上で定義される場合には,応答関数にはさまざまな関数形が考えられる.しかし定義域が有限個の点からなる離散集合,つまりアフィン多様体のときには,**応答関数は多項式モデルに限定してよい**.これは,計画 D 上の応答関数が次の性質を満たすからである.

定義 2.5 (多項式関数)

$D \subset \mathbb{Q}^n$ 上の応答関数 Φ が**多項式関数**とは,条件

2.4 計画上の多項式関数と剰余環

x_1 x_2 x_3 x_4	$\boldsymbol{y}_1$	$\boldsymbol{y}_2$	$\boldsymbol{y}_3$
-1 -1 -1 1	3.9	1	1
-1 -1 1 -1	6.1	-1	0
-1 1 -1 -1	6.8	-1	0
-1 1 1 1	4.4	1	0
1 -1 -1 1	6.1	1	0
1 -1 1 -1	8.0	-1	0
1 1 -1 -1	8.4	-1	0
1 1 1 1	6.8	1	0

図 2.2 D_1 の計画行列と応答の例

$$\exists f \in K[x_1, \ldots, x_n], \ \forall (d_1, \ldots, d_n) \in D,$$
$$\Phi(d_1, \ldots, d_n) = f(d_1, \ldots, d_n)$$

を満足するときにいう.このとき f は Φ を**表現する** (represent) という.

計画 D 上の応答関数 Φ は多項式関数である.次節ではこのことを,実際に Φ を表現する多項式 $f \in K[x_1, \ldots, x_n]$ を構成する方法を明らかにすることにより確認するが,ここではそのイメージをつかむため,天下り的にいくつかの多項式関数について,それを表現する多項式の例を眺めてみよう.

【例 2.8】 2.1 節の例 2.2 に出てきた,定義関係 $x_2 x_3 x_4 = 1$ で定められる計画 D_1 を考える.この計画 D_1 上で実数値の応答が得られるものとし,具体的な応答の値として,図 2.2 に示す $\boldsymbol{y}_1, \boldsymbol{y}_2, \boldsymbol{y}_3$ を考える.3 つの応答 $\boldsymbol{y}_1, \boldsymbol{y}_2, \boldsymbol{y}_3$ に対応する応答関数をそれぞれ Φ_1, Φ_2, Φ_3 とおく.

まず,応答 $\boldsymbol{y}_1$ に対応する応答関数 Φ_1 について考える.Φ_1 を表現する $\mathbb{R}[x_1, \ldots, x_4]$ の多項式のひとつは

$$f_1(x_1, x_2, x_3, x_4)$$
$$= 6.3125 + 1.0125 x_1 + 0.2875 x_2 + 0.0125 x_3$$
$$- 0.0125 x_1 x_2 + 0.0625 x_1 x_3 - 1.0125 x_2 x_3 + 0.1375 x_1 x_2 x_3$$

である.実は y_1 は,表 2.1 で取り上げたインスタントコーヒーの点数のデータであり,上の多項式は例 2.1 の中で求めた補間多項式と同じものである(例 2.1 には x_4 が存在しないが,上式の右辺にも x_4 が現れないため,両者は一致している.実際,係数が式 (2.13) と一致していることを確認してほしい).Φ_1 を表現する $\mathbb{R}[x_1,\ldots,x_4]$ のほかの多項式で,x_4 を含むものを考えよう.例えば,

$$f_1^*(x_1, x_2, x_3, x_4)$$
$$= 6.3125 + 1.0125 x_1 + 0.2875 x_2 + 0.0125 x_3 - 1.0125 x_4$$
$$\quad -0.0125 x_1 x_2 + 0.0625 x_1 x_3 + 0.1375 x_1 x_4 \quad (2.28)$$

がその例である.f_1^* は f_1 から単に $x_2 x_3 = x_4$,$x_1 x_2 x_3 = x_1 x_4$ と置き換えてできるものであり,この置き換えは式 (2.17) で確認した交絡関係から得られることに注目しておこう.

次に,交絡関係が読み取りやすい例として,応答 y_2 を考える.これは非常に人工的な例であるが,応答が偶然 x_4 の水準と同じ値をとった,という状況に対応している.この応答 y_2 に対応する応答関数 Φ_2 を表現する $\mathbb{R}[x_1,\ldots,x_4]$ の多項式はもちろん

$$f_2(x_1, x_2, x_3, x_4) = x_4$$

である.さらに

$$f_2^*(x_1, x_2, x_3, x_4) = x_2 x_3,$$
$$f_2^{**}(x_1, x_2, x_3, x_4) = 1 - x_1^2 + x_2 x_3,$$
$$f_2^{***}(x_1, x_2, x_3, x_4) = 1.7 - 0.2 x_1^2 - 1.5 x_4^2 + x_2 x_3$$

なども該当することは容易に分かるだろう.

最後に y_3 を考える.これに対応する応答関数 Φ_3 を表現する $\mathbb{R}[x_1,\ldots,x_4]$ の多項式には,例えば

$$f_3(x_1, x_2, x_3, x_4) = \frac{1}{8}(1 - x_1 - x_2 - x_3 + x_4 + x_1 x_2 + x_1 x_3 - x_1 x_4)$$

がある.これは,D_1 の点のうち $(-1,-1,-1,1)$ でのみ値 1 をとり,そ

れ以外の 7 点では値 0 をとる．点 $(-1,-1,-1,1)$ の**指示関数 (indicator function)** と考えることもできる．

最後に見た指示関数の例は，一般の応答 y に対応する応答関数 Φ を表現する多項式の構成法を示唆している．つまり，上の f_3 のような，計画の各点に対する指示関数を求めて，それを y の値で重みづけして足し合わせれば，y に対応する Φ を表現する多項式が構成できる．このことから，すべての応答関数からなるベクトル空間は有限次元であり，**その次元は計画のサイズ** m **と等しく**，各点の指示関数の集合は一組の基底をなすことが分かる．

それでは，例で眺めたことを一般的に確認していこう．まず，応答関数 Φ を表現する多項式 f とは，Φ に対する（つまり D 上の観測値に対する）**補間多項式**にほかならない．また，応用統計学における交絡の概念は，多項式関数では以下の意味で使われる．

定義 2.6 （交絡）

D 上の同じ多項式関数 Φ を表現する多項式を，D 上で**交絡する**という．

計画 D 上の交絡関係は，計画 D の計画イデアル $\mathbf{I}(D)$ により特徴づけることができる．

命題 2.3

二つの多項式 $f, g \in K[x_1, \ldots, x_m]$ が D 上で同じ多項式関数を表現する（交絡する）ための必要十分条件は $f - g \in \mathbf{I}(D)$ である．

証明 $f - g = h \in \mathbf{I}(D)$ ならば，各 $\boldsymbol{d} = (d_1, \ldots, d_n) \in D$ に対して $f(\boldsymbol{d}) - g(\boldsymbol{d}) = h(\boldsymbol{d}) = 0$ である．したがって f と g は D 上で同じ関数を表す．逆に f, g が D 上で同じ関数を表すならば，各 $\boldsymbol{d} \in D$ に対して $\Phi(\boldsymbol{d}) = f(\boldsymbol{d}) = g(\boldsymbol{d})$ なので $f(\boldsymbol{d}) - g(\boldsymbol{d}) = 0$ である．したがって $f - g \in \mathbf{I}(D)$ である． □

この命題において，多項式 f, g の係数体（通常は $K = \mathbb{R}$）が，計画イデアル $\mathbf{I}(D)$ を考えている多項式環の係数体 $\mathbb{Q}$ と異なるのは，2.1 節でも述べたように，多項式の係数はモデルの母数であり実数値をとるからである．したがって，f, g が D 上で交絡するためには，$f - g$ において係数が有理数でない項はすべて打ち消しあっていなければならない．

例 2.8 では，$f_2 = x_4$ と $f_2^* = x_2 x_3$ が D_1 上で交絡することを見たが，実際，D_1 の計画イデアル

$$\mathbf{I}(D_1) = \langle x_1^2 - 1,\ x_2^2 - 1,\ x_3^2 - 1,\ x_4^2 - 1,\ x_2 x_3 x_4 - 1 \rangle$$

について

$$f_2 - f_2^* = x_4 - x_2 x_3 = x_2 x_3 (x_4^2 - 1) - x_4 (x_2 x_3 x_4 - 1) \in \mathbf{I}(D_1)$$

となっていることが分かる．つまり，二つの多項式 f, g の D 上の交絡関係は，$f - g$ の $\mathbf{I}(D)$ への**イデアル所属問題**に置き換えることができる．

例 2.8 の最後に出てきた，計画 D 上の多項式関数の全体の集合を定義しよう．

定義 2.7

$K[D]$ を D 上の多項式関数 $\Phi : D \to K$ の全体とする．

計画 D 上の多項式関数は，D 上の観測値（応答）と同一視しているから，$K[D]$ は D 上で観測され値を K にとるすべてのデータの集合，と考えてもよい．実験計画法の文脈では，$K[D]$ は D 上の**応答空間 (response space)** とよばれる．応答空間は K-ベクトル空間であり，例 2.8 で確認したように，その次元は計画 D のサイズに等しい．この点は重要なので定理として述べておく．

定理 2.2

サイズ m の計画 $D \subset \mathbb{Q}^n$ 上の応答空間 $K[D]$ の次元は m である．

さらに，$K[D]$ の構造を考えよう．まず，各 $\boldsymbol{d} \in D$ に対して $\Phi, \Psi : D \to K$ の和と積を像の和と積で，

2.4 計画上の多項式関数と剰余環

$$(\Phi + \Psi)(\boldsymbol{d}) = \Phi(\boldsymbol{d}) + \Psi(\boldsymbol{d}),$$
$$(\Phi \cdot \Psi)(\boldsymbol{d}) = \Phi(\boldsymbol{d}) \cdot \Psi(\boldsymbol{d})$$

と定義する.また,$f, g \in K[x_1, \ldots, x_n]$ をそれぞれ Φ, Ψ の代表とすれば,$f + g$ は $\Phi + \Psi$ を代表し,$f \cdot g$ は $\Phi \cdot \Psi$ を代表する.したがって,$\Phi + \Psi$ と $\Phi \cdot \Psi$ は可換環の構造をもつ $K[D]$ の元であることが分かる.つまり $K[D]$ は可換環の構造をもつことが確認できた.

次の目標は,応答空間 $K[D]$ の構造を計画 D の計画イデアル $\mathbf{I}(D)$ と結びつけることである.そのために必要となるのが,**剰余環**(商環とよぶこともある)の概念である.まずは一般の設定で準備をする.

定義 2.8 (合同)
$I \subset K[x_1, \ldots, x_n]$ をイデアルとし,$f, g \in K[x_1, \ldots, x_n]$ とする.$f - g \in I$ であるときに,f と g は I を法として**合同**であるといい

$$f \equiv g \bmod I$$

とかく.

合同関係についての基本的な性質を確認する.

命題 2.4
$I \subset K[x_1, \ldots, x_n]$ をイデアルとする.このとき I を法とする合同関係は,$K[x_1, \ldots, x_n]$ における同値関係である.

証明 各 $f \in K[x_1, \ldots, x_n]$ に対して $f - f = 0 \in I$ であるから反射律が成り立つ.$f \equiv g \bmod I$ とすると $f - g \in I$ なので $g - f = (-1)(f - g) \in I$ であり,対称律が成り立つ.$f \equiv g \bmod I$, $g \equiv h \bmod I$ とすると,$f - g, g - h \in I$ であるから $f - h = (f - g) + (g - h) \in I$ であり,推移律が成り立つ. □

以上は,一般のイデアル I に対する定義である.ここで特に $I = \mathbf{I}(D)$ とすると,$f \equiv g \bmod \mathbf{I}(D)$ となる必要十分条件は,f と g が D 上で同じ

関数を定めること，つまり「D 上で交絡すること」であることが分かる．したがって，$\mathbf{I}(D)$ を法とした合同関係による同値類を考えることで，D 上で交絡する多項式を「ひとまとめにして考える」ことができる．これを正確に書く．

命題 2.5

相異なる多項式関数 $\Phi: D \to K$ は，$\mathbf{I}(D)$ を法とした合同関係による多項式の相異なる同値類と一対一に対応する．

この命題は命題 2.3 よりただちにいえる．これで剰余環を導入する準備ができた．

定義 2.9 （剰余環）

$K[x_1, \ldots, x_n]$ の I を法とした**剰余環**（あるいは商環）とは，I を法とした合同関係の同値類の集合であり，

$$K[x_1, \ldots, x_n]/I = \{[f] \mid f \in K[x_1, \ldots, x_n]\}$$

と書く．

上の定義で剰余「環」と書いているのは，実際に I を法とした合同関係の同値類の集合が環の構造をもつからであり，この点は後ほど確認する．先ほどの例 2.8 で出てきた多項式について，$\mathbf{I}(D_1)$ を法とした剰余環 $\mathbb{R}[x_1, x_2, x_3, x_4]/\mathbf{I}(D_1)$ を考えれば，まず $f_2 = x_4$ と $f_2^* = x_2 x_3$ は同じ同値類の元である．この同値類の代表元を x_4 と書けば，同値類 $[x_4]$ には例えば次のような元が含まれる．

$$[x_4] = \{x_4,\ x_2 x_3,\ x_1^2 x_4,\ x_1^2 x_2^3 x_3,\ x_4 + x_3 - x_2 x_4,$$
$$x_2 x_3 + 2 x_2 - 2 x_3 x_4 + x_3 - x_3^3 x_4^2, \ldots \}$$

最後に挙げた元が同値類 $[x_4]$ に含まれることは，定義に従って

2.4 計画上の多項式関数と剰余環　　　115

$$x_4 - (x_2x_3 + 2x_2 - 2x_3x_4 + x_3 - x_3^3x_4^2)$$
$$= x_2x_3(x_4^2 - 1) - x_4(x_2x_3x_4 - 1) - 2x_3x_4(x_2^2 - 1) + 2x_2(x_2x_3x_4 - 1)$$
$$+ x_3^3(x_4^2 - 1) + x_3(x_3^2 - 1)$$
$$\in \mathbf{I}(D_1) = \langle x_1^2 - 1, \ldots, x_4^2 - 1,\ x_2x_3x_4 - 1 \rangle$$

のように確認できる．つまり，同値類の元に対して，「$x_1^2 = 1,\ x_4 = x_2x_3$ 等の置き換え」を行ったり，「$x_4 - x_2x_3,\ x_3 - x_2x_4$ 等の有理数倍を加えて」できる多項式は，すべて $[x_4]$ の元である．また，多項式 f_1 と f_1^* も同じ同値類の元であり，この同値類のほかの元も同じようにして得られる．

それでは，剰余環 $K[x_1,\ldots,x_n]/I$ の構造を考えよう．まず，二つの同値類 $[f],[g] \in K[x_1,\ldots,x_n]/I$ の和と積を，対応する $K[x_1,\ldots,x_n]$ の元の和と積で

$$[f] + [g] = [f + g],\quad [f] \cdot [g] = [f \cdot g] \tag{2.29}$$

と定義する．このとき以下が成り立つ．

命題 2.6

式 (2.29) の和と積は well-defined である．つまり，右辺における $f' \in [f],\ g' \in [g]$ の選び方によらず $K[x_1,\ldots,x_n]/I$ において同じ同値類を与える．

証明　$f' \in [f], g' \in [g]$ とすれば，$f' = f + h_1, g' = g + h_2$ となる $h_1, h_2 \in I$ が存在する．よって $f' + g' = (f + g) + (h_1 + h_2)$ である．I はイデアルだから $h_1 + h_2 \in I$ であり $f' + g' \equiv f + g \bmod I$，すなわち $[f' + g'] = [f + g]$ を得る．積も同様に $f' \cdot g' = fg + (h_1g + h_2f + h_1h_2)$ で $h_1g + h_2f + h_1h_2 \in I$ より $f' \cdot g' \equiv f \cdot g \bmod I$，すなわち $[f' \cdot g'] = [f \cdot g]$ を得る．　　□

和と積の well-defined 性から，剰余環が確かに環であることがいえる．

定理 2.3

$I \subset K[x_1, \ldots, x_n]$ をイデアルとする．$K[x_1, \ldots, x_n]/I$ は式 (2.29) の和と積の演算で可換環となる．

以上で，計画 D に対して，D 上の多項式関数のなす可換環 $K[D]$ と剰余環 $K[x_1, \ldots, x_n]/\mathbf{I}(D)$ という二つの環が準備できた．本節の目的は，この二つの環が次の意味で本質的に同じであることを示すことである．

定理 2.4

命題 2.5 で与えた $K[D]$ と $K[x_1, \ldots, x_n]/\mathbf{I}(D)$ との間の一対一対応は，和と積を保存する．つまり，二つの可換環 $K[D]$ と $K[x_1, \ldots, x_n]/\mathbf{I}(D)$ は同型である．

証明

(全射性) 写像 $\phi: K[x_1, \ldots, x_n]/\mathbf{I}(D) \to K[D]$ を $\phi([f]) = \Phi$ で定義する．ただし $\Phi \in K[D]$ は f で表される多項式関数である．$K[D]$ のどの元も多項式で表すことができるから，ϕ は全射である．

(一対一性) $\phi([f]) = \phi([g])$ とする．すると命題 2.5 より $f \equiv g \bmod \mathbf{I}(D)$ であり，$K[x_1, \ldots, x_n]/\mathbf{I}(D)$ の中で $[f] = [g]$ である．

(和と積) $[f], [g] \in K[x_1, \ldots, x_n]/\mathbf{I}(D)$ とする．剰余環の和の定義より $\phi([f] + [g]) = \phi([f + g])$ である．f が $\Phi \in K[D]$ を表し，g が $\Psi \in K[D]$ を表すとすれば，$f + g$ は $\Phi + \Psi$ を表す．よって

$$\phi([f] + [g]) = \phi([f + g]) = \Phi + \Psi = \phi([f]) + \phi([g])$$

となって ϕ は和を保つ．同様に

$$\phi([f] \cdot [g]) = \phi([f \cdot g]) = \Phi \cdot \Psi = \phi([f]) \cdot \phi([g])$$

となり ϕ は積も保つ．

全く同様に，逆写像 ϕ^{-1} も和と積を保つことが示される． □

2.5　標準単項式と Macaulay の定理

前節では，計画 D 上の応答空間 $K[D]$ と剰余環 $K[x_1,\ldots,x_n]/\mathbf{I}(D)$ が同型であることを確認した．この対応により，例 2.8 で眺めたような応答空間の性質を調べるには，剰余環 $K[x_1,\ldots,x_n]/\mathbf{I}(D)$ を調べればよいことが分かる．本節では，剰余環 $K[x_1,\ldots,x_n]/\mathbf{I}(D)$ の（K-ベクトル空間としての）基底がグレブナー基底から導かれることを確認する．

定理 2.5

M_n の単項式順序 $\prec$ を固定し，$I \subset K[x_1,\ldots,x_n]$ をイデアルとする．

(i) 各 $f \in K[x_1,\ldots,x_n]$ は，$\mathrm{in}_\prec(I)$ に含まれない単項式の K-線型結合で表される多項式 r と I を法として合同であり，r は一意的に定められる．

(ii) $\{u \in M_n \mid u \notin \mathrm{in}_\prec(I)\}$ は I を法として線型独立である．つまり，$\mathrm{in}_\prec(I)$ に含まれない単項式 $\{u_\alpha\}$ の線型結合が

$$\sum_\alpha c_\alpha u_\alpha \equiv 0 \bmod I$$

であるなら，すべての α について $c_\alpha = 0$ が成り立つ．

証明

(i)　$G = \{g_1,\ldots,g_s\}$ を I の $\prec$ に関するグレブナー基底とし，$f \in K[x_1,\ldots,x_n]$ の G に関する標準表示を

$$f = q_1 g_1 + \cdots + q_s g_s + r$$

と書く．このとき $f - r = q_1 g_1 + \cdots + q_s g_s \in I$ であるから $f \equiv r \bmod I$ であり，標準表示の定義より r は $\mathrm{in}_\prec(I)$ に属さない単項式の K-線型結合である．また，G はグレブナー基底なので割り算の余り r は一意的である．

(ii)　$\{u_1,\ldots,u_\ell\}$ が $\mathrm{in}_\prec(I)$ に属さない単項式で，0 でない $c_1,\ldots,c_\ell$ を使って

$$c_1 u_1 + \cdots + c_\ell u_\ell \equiv 0 \bmod I$$

と書けるとする．このとき $c_1 u_1 + \cdots + c_\ell u_\ell \in I$ であるので，$\mathrm{in}_\prec(c_1 u_1 + \cdots + c_\ell u_\ell) \in \mathrm{in}_\prec(I)$ である．$\mathrm{in}_\prec(c_1 u_1 + \cdots + c_\ell u_\ell)$ は $u_1, \ldots, u_\ell$ のいずれかに一致するが，これは $\{u_1, \ldots, u_\ell\}$ が $\mathrm{in}_\prec(I)$ に属さないことに矛盾する． □

定理 2.5 から，剰余環 $K[x_1, \ldots, x_n]/I$ が，$\mathrm{in}_\prec(I)$ に属さない単項式 $\{u \in M_n \mid u \notin \mathrm{in}_\prec(I)\}$ の張る K-ベクトル空間と同型であることが分かる．これはイニシャルイデアルに関する **Macaulay の定理** とよばれる．Macaulay の定理は多項式環の一般のイデアルについて成り立つが，計画イデアル $\mathbf{I}(D)$ の場合について，剰余環の基底をなす単項式の集合を定義しておく．

定義 2.10

M_n の単項式順序 $\prec$ について，$\mathrm{in}_\prec(\mathbf{I}(D))$ に属さない単項式の集合を $\mathrm{Est}_\prec(D)$ と書く．

$$\mathrm{Est}_\prec(D) = \{u \mid u \in M_n \notin \mathrm{in}_\prec(\mathbf{I}(D))\}$$

$\mathrm{Est}_\prec(D)$ の元を **標準単項式 (standard monomial)** とよぶ．

つまり，標準単項式とは，$\mathbf{I}(D)$ の単項式順序 $\prec$ に関するグレブナー基底のどのイニシャル単項式でも割り切れない単項式をいう．これまでに出てきた例のいくつかについて，標準単項式を確認しよう．

【例 2.9】（標準単項式の例） 以下，グレブナー基底の各元のイニシャル単項式には下線を引く．また，単項式順序において「$x_1 \succ \cdots \succ x_n$ から導かれる純辞書式順序」などは省略して単に「純辞書式順序」などと書く．

2 水準 3 因子の完全実施計画 $D = \{-1, 1\}^3$ の計画イデアルは

$$\mathbf{I}(D) = \langle \underline{x_1^2} - 1,\ \underline{x_2^2} - 1,\ \underline{x_3^2} - 1 \rangle$$

であり，これは任意の単項式順序に関する被約グレブナー基底である．したがって，標準単項式の集合は

$$\mathrm{Est}_\prec(D) = \{1,\ x_1,\ x_2,\ x_3,\ x_1x_2,\ x_1x_3,\ x_2x_3,\ x_1x_2x_3\}$$

である．

　一般の完全実施計画に関しては，同様に，単項式順序によらない一意的な被約グレブナー基底が存在する．実際，例 2.5 で確認した式 (2.19) は，すべての単項式順序に関してグレブナー基底による計画イデアルの記述である（このことは，生成系の各元のイニシャル単項式が互いに素であるので，補題 1.6 から従う）．つまり，第 j 因子の水準数が r_j である n 因子完全実施計画の計画イデアルは

$$\left\langle x_j^{r_j} - g_j,\ j = 1, \ldots, n \right\rangle,\quad \deg(g_j) < r_j$$

と書け，したがって，標準単項式の集合は，各 j ($j = 1, \ldots, n$) について集合

$$\{1,\ x_j,\ \ldots,\ x_j^{r_j - 1}\}$$

から選んだ単項式 n 個を掛け合わせたものすべて $\left(\prod_{j=1}^{n} r_j\ \text{個ある}\right)$ の集合となる．

　次に，例 2.2 で考えたレギュラーな 2 水準一部実施計画のうち，定義関係が $x_2x_3x_4 = 1$ で与えられる 2^{4-1} 計画 D_1 を考える（計画行列は式 (2.15)）．すでに見たように，計画 D_1 の計画イデアルは定義関係から

$$\mathbf{I}(D_1) = \left\langle x_1^2 - 1,\ x_2^2 - 1,\ x_3^2 - 1,\ x_4^2 - 1,\ x_2x_3x_4 - 1 \right\rangle$$

と書けるが，これはグレブナー基底ではない．標準単項式を求めるために，Macaulay2 でグレブナー基底を求める．

―――――― 計画イデアル $\mathbf{I}(D_1)$ のグレブナー基底の計算 ――――――
```
i1 : R = QQ[x1,x2,x3,x4,MonomialOrder=>Lex];
i2 : I = ideal(x1^2-1,x2^2-1,x3^2-1,x4^2-1,x2*x3*x4-1);
o2 : Ideal of R
```

```
i3 : gens gb I
o3 = | x4^2-1 x3^2-1 x2-x3x4 x1^2-1 |
             1          4
o3 : Matrix R  <--- R
i4 : R2 = QQ[x1,x2,x3,x4];
i5 : use R2;
i6 : I2=(map(R2,R))(I);
o6 : Ideal of R2
i7 : gens gb I2
o7 = | x4^2-1 x3x4-x2 x2x4-x3 x3^2-1 x2x3-x4 x2^2-1 x1^2-1 |
             1          7
o7 : Matrix R2  <--- R2
```

上の例では，i1 行で純辞書式順序を，i4 行で逆辞書式順序を，それぞれ指定している．純辞書式順序の下での被約グレブナー基底は o3 行より

$$\{\underline{x_4^2}-1,\ \underline{x_3^2}-1,\ \underline{x_2}-x_3x_4,\ \underline{x_1^2}-1\}$$

となるので，標準単項式の集合は

$$\mathrm{Est}_{\prec_{\mathrm{purelex}}}(D_1) = \{1,\ x_1,\ x_3,\ x_4,\ x_1x_3,\ x_1x_4,\ x_3x_4,\ x_1x_3x_4\}$$

である．また，逆辞書式順序の下での被約グレブナー基底は o7 行より

$$\{\underline{x_4^2}-1,\ \underline{x_3x_4}-x_2,\ \underline{x_2x_4}-x_3,\ \underline{x_3^2}-1,\ \underline{x_2x_3}-x_4,\ \underline{x_2^2}-1,\ \underline{x_1^2}-1\}$$

となるので，標準単項式の集合は

$$\mathrm{Est}_{\prec_{\mathrm{rev}}}(D_1) = \{1,\ x_1,\ x_2,\ x_3,\ x_4,\ x_1x_2,\ x_1x_3,\ x_1x_4\} \quad (2.30)$$

である．単項式順序が変われば，標準単項式の集合も変わるが，その元の数は計画のサイズ（この例では 8）に一致する．

なお，Macaulay2 では剰余環の計算ができるので，以下のように直接標準単項式を求めることもできる．

2.5 標準単項式と Macaulay の定理

```
╭─── I(D_1) の標準単項式（逆辞書式順序）の確認 ───╮
│ i8 : S = R2/I2                                  │
│ o8 = S                                          │
│ o8 : QuotientRing                               │
│ i9 : basis S                                    │
│ o9 = | 1 x1 x1x2 x1x3 x1x4 x2 x3 x4 |           │
│             1        8                          │
│ o9 : Matrix S  <--- S                           │
╰─────────────────────────────────────────────────╯
```

上の例では，i8 行で剰余環 $\mathbb{Q}[x_1,\ldots,x_4]/\mathbf{I}(D_1)$ を定義し，i9 行でその基底を表示している．これは確かに先ほど求めた $\mathrm{Est}_{\prec_\mathrm{rev}}(D_1)$ に一致している．

次に，例 2.6 で考えた，定義関係が

$$\begin{aligned} x_1 + x_2 + x_3 &= 0 \pmod 3 \\ x_1 + 2x_2 + 2x_4 &= 0 \pmod 3 \end{aligned} \tag{2.21}$$

で与えられるレギュラーな 3^{4-2} 計画 D_4 を考える（計画行列は式 (2.22)）．式 (2.23) の生成系をもとに，Macaulay2 で逆辞書式順序でのグレブナー基底を求める．

```
╭─── I(D_4) のグレブナー基底と標準単項式（逆辞書式順序）の計算 ───╮
│ i10 : R=QQ[x1,x2,x3,x4]                                         │
│ o10 = R                                                         │
│ o10 : PolynomialRing                                            │
│ i11 : I=ideal(x1*(x1-1)*(x1-2),x2*(x2-1)*(x2-2),x3*(x3-1)*(x3-2),│
│               x4*(x4-1)*(x4-2),                                 │
│               (x1+x2+x3)*(x1+x2+x3-3)*(x1+x2+x3-6),             │
│               (x1+2*x2+2*x4)*(x1+2*x2+2*x4-3)*(x1+2*x2+2*x4-6)  │
│                                          *(x1+2*x2+2*x4-9));    │
│ o11 : Ideal of R                                                │
│ i12 : g = gens gb I                                             │
│ o12 = | x1x4+x2x4+x3x4-3x4 2x2x3-2x3^2+4x2x4-x4^2+2x1-6x2+4x3-x4 │
│         -----------------------------------------------------   │
│         2x1x3-2x3^2+4x2x4+4x3x4-x4^2+2x1-2x2-5x4                │
│         -----------------------------------------------------   │
│         x2^2-x3^2+2x2x4+2x3x4+2x1-3x2+x3-4x4                    │
╰─────────────────────────────────────────────────────────────────╯
```

```
              ----------------------------------------------------------
              2x1x2-2x3^2-x4^2-2x1-2x2+4x3+3x4
              ----------------------------------------------------------
              x1^2-x3^2+2x2x4-x1-2x2+3x3-2x4  x4^3-3x4^2+2x4
              ----------------------------------------------------------
              3x3x4^2-9x3x4-3x4^2-2x1-2x2+4x3+9x4
              ----------------------------------------------------------
              3x2x4^2-9x2x4-3x4^2-2x1+4x2-2x3+9x4
              ----------------------------------------------------------
              3x3^2x4-6x2x4-9x3x4-4x1+4x2+10x4  x3^3-3x3^2+2x3 |
                         1         11
o12 : Matrix R    <--- R
i13 : S=R/I; basis S
o14 = | 1 x1 x2 x2x4 x3 x3^2 x3x4 x4 x4^2 |
                      1         9
o14 : Matrix S    <--- S
```

o12 行が，逆辞書式順序での被約グレブナー基底（の定数倍）である．これを整理すると

$$\underline{x_1 x_4} + x_2 x_4 + x_3 x_4 - 3x_4,$$
$$2\underline{x_2 x_3} - 2x_3^2 + 4x_2 x_4 - x_4^2 + 2x_1 - 6x_2 + 4x_3 - x_4,$$
$$2\underline{x_1 x_3} - 2x_3^2 + 4x_2 x_4 + 4x_3 x_4 - x_4^2 + 2x_1 - 2x_2 - 5x_4,$$
$$\underline{x_2^2} - x_3^2 + 2x_2 x_4 + 2x_3 x_4 + 2x_1 - 3x_2 + x_3 - 4x_4,$$
$$2\underline{x_1 x_2} - 2x_3^2 - x_4^2 - 2x_1 - 2x_2 + 4x_3 + 3x_4,$$
$$\underline{x_1^2} - x_3^2 + 2x_2 x_4 - x_1 - 2x_2 + 3x_3 - 2x_4,$$
$$\underline{x_4^3} - 3x_4^2 + 2x_4,$$
$$3\underline{x_3 x_4^2} - 9x_3 x_4 - 3x_4^2 - 2x_1 - 2x_2 + 4x_3 + 9x_4,$$
$$3\underline{x_2 x_4^2} - 9x_2 x_4 - 3x_4^2 - 2x_1 + 4x_2 - 2x_3 + 9x_4,$$
$$3\underline{x_3^2 x_4} - 6x_2 x_4 - 9x_3 x_4 - 4x_1 + 4x_2 + 10x_4,$$
$$\underline{x_3^3} - 3x_3^2 + 2x_3$$

となっている．下線のイニシャル単項式から，標準単項式の集合が

$$\mathrm{Est}_{\prec_{\mathrm{rev}}}(D_4) = \{1,\ x_1,\ x_2,\ x_3,\ x_3^2,\ x_4,\ x_4^2,\ x_2 x_4,\ x_3 x_4\} \qquad (2.31)$$

となることを確認してほしい．これは o14 行の出力と一致している．

最後に，計画行列が式 (2.25) で表されるレギュラーでない一部実施計画 D_5 を考える．Macaulay2 により計算された逆辞書式順序に関する被約グレブナー基底を再掲する．

$$\begin{aligned}\mathbf{I}(D_5) = \{&\underline{x_1} + x_2 + x_3 + x_4,\ \underline{x_4^2} - 1,\ \underline{x_3^2} - 1, \\ &\underline{x_2 x_3} + x_2 x_4 + x_3 x_4 + 1,\ \underline{x_2^2} - 1\}\end{aligned} \qquad (2.26)$$

この下線のイニシャル単項式より，標準単項式の集合は

$$\mathrm{Est}_{\prec_{\mathrm{rev}}}(D_5) = \{1,\ x_2,\ x_3,\ x_4,\ x_2 x_4,\ x_3 x_4\}$$

となる．ここでもやはり，標準単項式の数は計画のサイズ（ここでは 6）と一致している．

2.6　計画上の補間多項式

計画 $D \subset \mathbb{Q}^n$ に対して，M_n 上の単項式順序 $\prec$ を定めれば，計画イデアル $\mathbf{I}(D)$ の $\prec$ に関するグレブナー基底から標準単項式の集合 $\mathrm{Est}_{\prec}(D)$ を求めることができる．これを用いた D 上の補間多項式の構成方法を整理しよう．

まず準備として，標準単項式の集合 $\mathrm{Est}_{\prec}(D) \subset M_n$ を，その元となる単項式のベキの集合 L を用いて

$$\mathrm{Est}_{\prec}(D) = \{\boldsymbol{x}^{\boldsymbol{a}} = x_1^{a_1} \cdots x_n^{a_n} \mid \boldsymbol{a} = (a_1, \ldots, a_n) \in L\}$$

と表しておく．例えば，前節の例で求めた

$$\mathrm{Est}_{\prec_{\mathrm{rev}}}(D_4) = \{1,\ x_1,\ x_2,\ x_3,\ x_3^2,\ x_4,\ x_4^2,\ x_2 x_4,\ x_3 x_4\}$$

であれば，

$$L = \{(0,0,0,0),\ (1,0,0,0),\ (0,1,0,0),\ (0,0,1,0),\ (0,0,2,0),$$
$$(0,0,0,1),\ (0,0,0,2),\ (0,1,0,1),\ (0,0,1,1)\ \}$$

である．L の元を添字として使うときには簡略化してカンマを省き，例えば $\theta_{(0,0,0,0)}$ の代わりに θ_{0000} などと書くことにする．ここで，例 2.1 の式 (2.6) などに出てきたモデル行列を改めて定義する．

定義 2.11（モデル行列）
計画 $D \subset \mathbb{Q}^n$ を

$$D = \{\boldsymbol{d}_1, \ldots, \boldsymbol{d}_m\},\ \boldsymbol{d}_i = (d_{i1}, \ldots, d_{in}) \in \mathbb{Q}^n,\ i = 1, \ldots, m$$

と書き，M_n の単項式順序 $\prec$ に関する標準単項式の集合を $\mathrm{Est}_\prec(D) = \{\boldsymbol{x}^{\boldsymbol{a}} \mid \boldsymbol{a} \in L\}$ と書く．このとき，行列

$$X = [\boldsymbol{d}_i^{\boldsymbol{a}}]_{i=1,\ldots,m;\ \boldsymbol{a} \in L}$$

を**モデル行列**とよぶ．

上の定義のモデル行列は，標準単項式の集合から（つまりグレブナー基底の計算から）定義される．一方，統計学や実験計画法では，飽和多項式モデルを母数に関する線形モデルとみて行列表示したときに同じ行列が現れ，このことはすでに式 (2.6) などで眺めている．なお，実験計画法の教科書ではしばしば，モデル行列を計画行列とよぶこともあるので注意してほしい．いくつかの例でモデル行列を確認しておこう．

【例 2.10】（モデル行列）　例 2.9 で標準単項式を求めたいくつかの例について，モデル行列を計算する．

まず，定義関係が $x_2 x_3 x_4 = 1$ で与えられる 2^{4-1} 計画 D_1 を考える．計画行列の第 i 行が $\boldsymbol{d}_i$ となる．

$$\begin{array}{cccc} x_1 & x_2 & x_3 & x_4 \\ \end{array}$$

$$\begin{bmatrix} -1 & -1 & -1 & 1 \\ -1 & -1 & 1 & -1 \\ -1 & 1 & -1 & -1 \\ -1 & 1 & 1 & 1 \\ 1 & -1 & -1 & 1 \\ 1 & -1 & 1 & -1 \\ 1 & 1 & -1 & -1 \\ 1 & 1 & 1 & 1 \end{bmatrix} \Rightarrow \begin{array}{c} x_1 \;\; x_2 \;\; x_3 \;\; x_4 \\ \begin{bmatrix} \boldsymbol{d}_1 \\ \boldsymbol{d}_2 \\ \boldsymbol{d}_3 \\ \boldsymbol{d}_4 \\ \boldsymbol{d}_5 \\ \boldsymbol{d}_6 \\ \boldsymbol{d}_7 \\ \boldsymbol{d}_8 \end{bmatrix} \end{array}$$

逆辞書式順序に関する標準単項式は式 (2.30) であるので，この各元を列に対応させ，モデル行列を計算すれば，

$$X = \begin{array}{c} \\ \boldsymbol{d}_1 \\ \boldsymbol{d}_2 \\ \boldsymbol{d}_3 \\ \boldsymbol{d}_4 \\ \boldsymbol{d}_5 \\ \boldsymbol{d}_6 \\ \boldsymbol{d}_7 \\ \boldsymbol{d}_8 \end{array} \begin{array}{|cccccccc|} 1 & x_1 & x_2 & x_3 & x_4 & x_1x_2 & x_1x_3 & x_1x_4 \\ \hline 1 & -1 & -1 & -1 & 1 & 1 & 1 & -1 \\ 1 & -1 & -1 & 1 & -1 & 1 & -1 & 1 \\ 1 & -1 & 1 & -1 & -1 & -1 & 1 & 1 \\ 1 & -1 & 1 & 1 & 1 & -1 & -1 & -1 \\ 1 & 1 & -1 & -1 & 1 & -1 & -1 & 1 \\ 1 & 1 & -1 & 1 & -1 & -1 & 1 & -1 \\ 1 & 1 & 1 & -1 & -1 & 1 & -1 & -1 \\ 1 & 1 & 1 & 1 & 1 & 1 & 1 & 1 \end{array} \quad (2.32)$$

となる．

次に，定義関係が

$$\begin{aligned} x_1 + x_2 + x_3 &= 0 \ (\mathrm{mod}\ 3) \\ x_1 + 2x_2 + 2x_4 &= 0 \ (\mathrm{mod}\ 3) \end{aligned} \quad (2.21)$$

で与えられるレギュラーな 3^{4-2} 計画 D_4 を考える．逆辞書式順序での標準単項式（式 (2.31)）からモデル行列を求めると，

$$
\begin{array}{|cccc|} \hline
x_1 & x_2 & x_3 & x_4 \\
0 & 0 & 0 & 0 \\
0 & 1 & 2 & 2 \\
0 & 2 & 1 & 1 \\
1 & 0 & 2 & 1 \\
1 & 1 & 1 & 0 \\
1 & 2 & 0 & 2 \\
2 & 0 & 1 & 2 \\
2 & 1 & 0 & 1 \\
2 & 2 & 2 & 0 \\ \hline
\end{array}
\Rightarrow X =
\begin{array}{|ccccccccc|} \hline
1 & x_1 & x_2 & x_3 & x_3^2 & x_4 & x_4^2 & x_2 x_4 & x_3 x_4 \\
1 & 0 & 0 & 0 & 0 & 0 & 0 & 0 & 0 \\
1 & 0 & 1 & 2 & 4 & 2 & 4 & 2 & 4 \\
1 & 0 & 2 & 1 & 1 & 1 & 2 & 2 & 1 \\
1 & 1 & 0 & 2 & 4 & 1 & 1 & 0 & 2 \\
1 & 1 & 1 & 1 & 1 & 0 & 0 & 0 & 0 \\
1 & 1 & 2 & 0 & 0 & 2 & 4 & 4 & 0 \\
1 & 2 & 0 & 1 & 1 & 2 & 4 & 0 & 2 \\
1 & 2 & 1 & 0 & 0 & 1 & 1 & 1 & 0 \\
1 & 2 & 2 & 2 & 4 & 0 & 0 & 0 & 0 \\ \hline
\end{array}
$$

となる.

モデル行列の性質と,計画上の補間多項式の構造を整理する.

定理 2.6

単項式順序 $\prec$ を固定し,計画 $D \subset \mathbb{Q}^n$ を

$$D = (\boldsymbol{d}_1, \ldots, \boldsymbol{d}_m), \ \boldsymbol{d}_i = (d_{i1}, \ldots, d_{in}) \in \mathbb{Q}^n, \ i = 1, \ldots, m$$

と書く.標準単項式の集合を $\mathrm{Est}_\prec(D) = \{\boldsymbol{x}^{\boldsymbol{a}} \mid \boldsymbol{a} \in L\}$ と書く.このとき以下が成り立つ.

(i) $|L| = m$

(ii) モデル行列 $X = [\boldsymbol{d}_i^{\boldsymbol{a}}]_{i=1,\ldots,m;\ \boldsymbol{a} \in L}$ は正則行列

(iii) $f: D \to \mathbb{R}$ を D 上の応答関数とし,応答を $\boldsymbol{y} = (f(\boldsymbol{d}_1), \ldots, f(\boldsymbol{d}_m)) \in \mathbb{R}^m$ と書く.このとき,

$$f(x_1, \ldots, x_n) = \sum_{\boldsymbol{a} \in L} \theta_{\boldsymbol{a}} \boldsymbol{x}^{\boldsymbol{a}}$$

と書ける.ここで列ベクトル $\boldsymbol{\theta} = [\theta_{\boldsymbol{a}}]_{\boldsymbol{a} \in L}$ は $\boldsymbol{\theta} = X^{-1} \boldsymbol{y}$ により定める.

証明

(ii) 定理 2.5 で確認した $\mathrm{Est}_\prec(D)$ の線型独立性から,

2.6 計画上の補間多項式

$$f(x_1,\ldots,x_n) = \sum_{\boldsymbol{a}\in L}\theta_{\boldsymbol{a}}\boldsymbol{x}^{\boldsymbol{a}} \equiv 0 \mod \mathbf{I}(D) \tag{2.33}$$

のとき $\theta_{\boldsymbol{a}} = 0\ (\boldsymbol{a}\in L)$ である．式 (2.33) は $f(x_1,\ldots,x_n)\in \mathbf{I}(D)$，すなわち

$$f(\boldsymbol{d}_i) = 0,\ \ i=1,\ldots,m$$

と変形でき，これを行列で書けば $X\boldsymbol{\theta} = \mathbf{0}$ となるので，モデル行列 X の各列は線型独立である．
(i) 定理 2.2 より計画 D 上の応答空間 $K[D]$ の次元が m であるので，Macaulay の定理と $\mathrm{Est}_\prec(D)$ の線型独立性から従う．
(iii) (ii) より，$\boldsymbol{\theta}$ に関する連立方程式 $\boldsymbol{y} = X\boldsymbol{\theta}$ は一意的な解 $\boldsymbol{\theta} = X^{-1}\boldsymbol{y}$ をもつ． □

定理 2.6 は，計画上の補間多項式の構成法を表している．これは，例 2.1 で見たような「母数を最小 2 乗推定した飽和多項式モデル」と同じものである．例えば，先ほど求めた式 (2.32) のモデル行列から，応答 $\boldsymbol{y} = (y_1,\ldots,y_8)$ に対する計画 D_1 上の補間多項式

$$f(x_1,\ldots,x_4) = \theta_{0000} + \theta_{1000}x_1 + \theta_{0100}x_2 + \theta_{0010}x_3 + \theta_{0001}x_4$$
$$+ \theta_{1100}x_1x_2 + \theta_{1010}x_1x_3 + \theta_{1001}x_1x_4$$

を求める式は，$\boldsymbol{\theta} = X^{-1}\boldsymbol{y}$ より

$$\begin{pmatrix}\theta_{0000}\\ \theta_{1000}\\ \theta_{0100}\\ \theta_{0010}\\ \theta_{0001}\\ \theta_{1100}\\ \theta_{1010}\\ \theta_{1001}\end{pmatrix} = \frac{1}{8}\begin{pmatrix}1 & 1 & 1 & 1 & 1 & 1 & 1 & 1\\ -1 & -1 & -1 & -1 & 1 & 1 & 1 & 1\\ -1 & -1 & 1 & 1 & -1 & -1 & 1 & 1\\ -1 & 1 & -1 & 1 & -1 & 1 & -1 & 1\\ 1 & -1 & -1 & 1 & 1 & -1 & -1 & 1\\ 1 & 1 & -1 & -1 & -1 & -1 & 1 & 1\\ 1 & -1 & 1 & -1 & -1 & 1 & -1 & 1\\ -1 & 1 & 1 & -1 & 1 & -1 & -1 & 1\end{pmatrix}\begin{pmatrix}y_1\\ y_2\\ y_3\\ y_4\\ y_5\\ y_6\\ y_7\\ y_8\end{pmatrix}$$

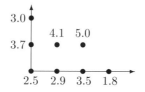

図 2.3 echelon 計画と応答の例

となる．これに具体的な y の値を代入すれば補間多項式が定まる．例えば表 2.1 のインスタントコーヒーの点数を応答として与えれば，式 (2.28) の $f_1^*(x_1, x_2, x_3, x_4)$ が得られる．

【例 2.11】（echelon 計画の補間多項式） 例 2.7 で計画イデアルを求めた echelon 計画 D について，応答が図 2.3 で与えられたとする．この応答に対する，D 上の補間多項式を求める．例 2.7 で求めた逆辞書式順序に関する被約グレブナー基底（式 (2.27)）から，標準単項式は

$$\mathrm{Est}_{\prec_{\mathrm{rev}}}(D) = \{1,\ x,\ x^2,\ x^3,\ y,\ y^2,\ xy,\ x^2y\}$$

となる．モデル行列を計算すると

$$X = \begin{array}{c} \\ (0,0) \\ (1,0) \\ (2,0) \\ (3,0) \\ (0,1) \\ (1,1) \\ (2,1) \\ (0,2) \end{array} \begin{array}{|cccccccc|} 1 & x & x^2 & x^3 & y & y^2 & xy & x^2y \\ \hline 1 & 0 & 0 & 0 & 0 & 0 & 0 & 0 \\ 1 & 1 & 1 & 1 & 0 & 0 & 0 & 0 \\ 1 & 2 & 4 & 8 & 0 & 0 & 0 & 0 \\ 1 & 3 & 9 & 27 & 0 & 0 & 0 & 0 \\ 1 & 0 & 0 & 0 & 1 & 1 & 0 & 0 \\ 1 & 1 & 1 & 1 & 1 & 1 & 1 & 1 \\ 1 & 2 & 4 & 8 & 1 & 1 & 2 & 4 \\ 1 & 0 & 0 & 0 & 2 & 4 & 0 & 0 \\ \end{array}$$

となるので，補間多項式は

$$\begin{pmatrix} \theta_{00} \\ \theta_{10} \\ \theta_{20} \\ \theta_{30} \\ \theta_{01} \\ \theta_{11} \\ \theta_{21} \\ \theta_{03} \end{pmatrix} = \frac{1}{6} \begin{pmatrix} 6 & 0 & 0 & 0 & 0 & 0 & 0 & 0 \\ -11 & 18 & -9 & 2 & 0 & 0 & 0 & 0 \\ 6 & -15 & 12 & -3 & 0 & 0 & 0 & 0 \\ -1 & 3 & -3 & 1 & 0 & 0 & 0 & 0 \\ -9 & 0 & 0 & 0 & 12 & 0 & 0 & -3 \\ 3 & 0 & 0 & 0 & -6 & 0 & 0 & 3 \\ 9 & -12 & 3 & 0 & -9 & 12 & -3 & 0 \\ -3 & 6 & -3 & 0 & 3 & -6 & 3 & 0 \end{pmatrix} \begin{pmatrix} 2.5 \\ 2.9 \\ 3.5 \\ 1.8 \\ 3.7 \\ 4.1 \\ 5.0 \\ 3.0 \end{pmatrix}$$

$$= \frac{1}{6} \begin{pmatrix} 15.0 \\ -3.2 \\ 8.1 \\ -2.5 \\ 12.9 \\ -5.7 \\ -0.9 \\ 0.9 \end{pmatrix}$$

より

$$f(x, y) = \frac{1}{6}(15.0 - 3.2x + 8.1x^2 - 2.5x^3 + 12.9y - 5.7xy - 0.9x^2 y + 0.9y^3)$$

となる．

2.7 多項式モデルの識別可能性

前節では，計画 $D \subset \mathbb{Q}^n$ 上の補間多項式を，計画イデアル $\mathbf{I}(D)$ のグレブナー基底から構成する方法を示した．つまり，計画のサイズと同じ数の母数をもつ多項式モデルの中で，すべての母数がデータ（応答）から一意的に推定可能なものが，グレブナー基底より得られる．

定理 2.7 （補間多項式の母数の推定可能性）

サイズ m の計画 $D = \{\boldsymbol{d}_1, \ldots, \boldsymbol{d}_m\} \subset \mathbb{Q}^n$ と M_n の任意の単項式順序 $\prec$ に関して，多項式モデル

$$\sum_{\boldsymbol{x}^{\boldsymbol{a}} \in \mathrm{Est}_{\prec}(D)} \theta_{\boldsymbol{a}} \boldsymbol{x}^{\boldsymbol{a}} \tag{2.34}$$

の母数は一意的に**推定可能 (estimable)** である．つまり，任意の D 上の応答 $y_1, \ldots, y_m \in K$ に対して，$\{\theta_{\boldsymbol{a}}\}$ に関する連立方程式

$$y_i = \sum_{\boldsymbol{x}^{\boldsymbol{a}} \in \mathrm{Est}_{\prec}(D)} \theta_{\boldsymbol{a}} \boldsymbol{d}_i^{\boldsymbol{a}}, \quad i = 1, \ldots, m \tag{2.35}$$

は，一意的な解をもつ．

定理 2.7 は，計画 $D \subset \mathbb{Q}^n$ と M_n 上の単項式順序のみから，すべての母数が推定可能な飽和多項式モデル (2.34) が**自動的**に得られることを意味している．さらに，$\mathrm{Est}_{\prec}(D)$ の部分集合からなる多項式モデル，つまり $\mathrm{Est}_{\prec}(D)$ から構成される飽和多項式モデルのサブモデルである多項式モデルも，次の意味で母数が推定可能となる．

系 2.2

サイズ m の計画 $D = \{\boldsymbol{d}_1, \ldots, \boldsymbol{d}_m\} \subset \mathbb{Q}^n$ と M_n の任意の単項式順序 $\prec$ に関する標準単項式の集合を $\mathrm{Est}_{\prec}(D) = \{\boldsymbol{x}^{\boldsymbol{a}} \mid \boldsymbol{a} \in L\}$ とし，その部分集合を $\{\boldsymbol{x}^{\boldsymbol{a}} \mid \boldsymbol{a} \in \tilde{L}\}$ と書く．この $\tilde{L}$ に対して，モデル行列 X から $\tilde{L}$ に対応する列を抜き出した $m \times |\tilde{L}|$ 行列を

$$\tilde{X} = [\boldsymbol{d}_i^{\boldsymbol{a}}]_{i=1,\ldots,m; \boldsymbol{a} \in \tilde{L}}$$

と定義する．このとき，D 上の任意の応答 $\boldsymbol{y} = (y_1, \ldots, y_m)^T \in K^m$ に対して，多項式モデル

$$\sum_{\boldsymbol{a} \in \tilde{L}} \theta_{\boldsymbol{a}} \boldsymbol{x}^{\boldsymbol{a}} \tag{2.36}$$

2.7 多項式モデルの識別可能性

の母数を並べた列ベクトル $\boldsymbol{\theta} = (\theta_a)_{a \in \tilde{L}}$ に関する連立方程式

$$\tilde{X}^T \tilde{X} \boldsymbol{\theta} = \tilde{X}^T \boldsymbol{y} \tag{2.37}$$

は，一意的な解

$$\boldsymbol{\theta} = (\tilde{X}^T \tilde{X})^{-1} \tilde{X}^T \boldsymbol{y} \tag{2.38}$$

をもつ．

式 (2.37) は，モデル行列 $\tilde{X}$ から定まる正規方程式である．これが一意的な解をもつことは，モデル行列 X の各列が線型独立であり，したがって，$\tilde{X}$ の各列も線型独立であることから従う．以上より，与えられた多項式モデルがある単項式順序 $\prec$ に関する $\mathrm{Est}_\prec(D)$ の単項式のみから構成される場合は，母数は自明に推定可能となる．

本書では，多項式モデルの母数に対する「推定可能」という用語を，上の定理 2.7 および系 2.2 の意味で，つまり，母数 $\{\theta_a\}$ に関する連立方程式 (2.35) および (2.37) が一意的な解をもつという意味で用いる．なお，線形モデルの理論では，不偏推定量が応答の線型結合の形で得られるような母数の関数を推定可能関数とよぶ．したがって，式 (2.34) および式 (2.36) の多項式モデルを応答が従う確率分布の構造部分とみれば，定理 2.7 および系 2.2 は，「母数 $\{\theta_a\}$ は推定可能関数である」と言い換えることができる．線形モデルの一般論について詳しく学びたい読者は [17] や数理統計学の教科書（[27] など）を参照してほしい．

母数の推定可能性に似た概念に，**識別可能性 (identifiability)** がある．識別可能性は，統計学における重要な概念のひとつであり，一般的には以下のように定義される．統計モデルを，母数空間 Θ の元を母数にもつ確率分布の集合 $\mathcal{P} = \{p_{\boldsymbol{\theta}} \mid \boldsymbol{\theta} \in \Theta\}$ とみる．このとき，写像 $\boldsymbol{\theta} \mapsto p_{\boldsymbol{\theta}}$ が一対一のとき，つまり

$$p_{\boldsymbol{\theta}_1} = p_{\boldsymbol{\theta}_2} \;\Rightarrow\; \boldsymbol{\theta}_1 = \boldsymbol{\theta}_2$$

が任意の $\boldsymbol{\theta}_1, \boldsymbol{\theta}_2 \in \Theta$ について成り立つとき，統計モデル $\mathcal{P}$ は**識別可能**

(**identifiable**) という．

計画 D 上の多項式モデルを考えたとき，標準単項式より得られる式 (2.34) および式 (2.36) の多項式モデルは，この定義の意味で識別可能となる．このことは，これまでの議論からただちにいえるが，定理の形で述べておく．

定理 2.8 （標準単項式から得られる計画上の多項式モデルの識別可能性）

M_n の単項式順序 $\prec$ に関する標準単項式の集合を $\mathrm{Est}_\prec(D) = \{\boldsymbol{x}^{\boldsymbol{a}} \mid \boldsymbol{a} \in L\}$ とし，その部分集合を $\{\boldsymbol{x}^{\boldsymbol{a}} \mid \boldsymbol{a} \in \tilde{L}\}$ と書く．このとき，計画 $D \subset \mathbb{Q}^n$ 上で定義される多項式モデル

$$\sum_{\boldsymbol{a} \in \tilde{L}} \theta_{\boldsymbol{a}} \boldsymbol{x}^{\boldsymbol{a}}$$

は識別可能である．

証明 いま，母数 $\theta_{\boldsymbol{a}}, \boldsymbol{a} \in \tilde{L}$ は実数値をとるとし，$\mathbb{R}[x_1,\ldots,x_n]$ の二つの多項式

$$f = \sum_{\boldsymbol{a} \in \tilde{L}} \theta_{\boldsymbol{a}} \boldsymbol{x}^{\boldsymbol{a}}, \quad f' = \sum_{\boldsymbol{a} \in \tilde{L}} \theta'_{\boldsymbol{a}} \boldsymbol{x}^{\boldsymbol{a}}$$

が D 上で同じ多項式関数を代表する，つまり，$\mathbb{R}[x_1,\ldots,x_n]/\mathbf{I}(D)$ の同じ同値類に属しているとする．これを式で書けば，

$$f - f' \equiv 0 \bmod \mathbf{I}(D)$$

であるから，$\{\boldsymbol{x}^{\boldsymbol{a}} \mid \boldsymbol{a} \in \tilde{L}\}$ の $\mathbf{I}(D)$ を法とした線型独立性（定理 2.5）より，

$$\sum_{\boldsymbol{a} \in \tilde{L}} (\theta_{\boldsymbol{a}} - \theta'_{\boldsymbol{a}}) \boldsymbol{x}^{\boldsymbol{a}} \equiv 0 \bmod \mathbf{I}(D) \Rightarrow \theta_{\boldsymbol{a}} = \theta'_{\boldsymbol{a}}$$

が従う． $\square$

2.7 多項式モデルの識別可能性

以上の結果をもとに，一般の多項式モデルの識別可能性（母数の推定可能性）を判定する方法を考えよう．そのために，これまで考えてきた剰余環 $K[x_1,\ldots,x_n]/\mathbf{I}(D)$ の構造を，母数を含む多項式の同値類の構造に拡張する．いま，母数の次元を便宜的に ℓ とし，有理数 $\mathbb{Q}$ を係数とする母数 $\theta_1,\ldots,\theta_\ell$ の有理式全体の集合を

$$\mathbb{Q}(\theta_1,\ldots,\theta_\ell) = \left\{ \frac{f(\theta_1,\ldots,\theta_\ell)}{g(\theta_1,\ldots,\theta_\ell)} \;\middle|\; f,g \in \mathbb{Q}[\theta_1,\ldots,\theta_\ell],\; g \neq 0 \right\}$$

と書く．$\mathbb{Q}(\theta_1,\ldots,\theta_\ell)$ は体の構造をもち，これを**有理関数体**とよぶ．母数を含む多項式は，この $\mathbb{Q}(\theta_1,\ldots,\theta_\ell)$ を係数体にもつ多項式環

$$\mathbb{Q}(\theta_1,\ldots,\theta_\ell)[x_1,\ldots,x_n]$$

の元として考える．すると，剰余環 $\mathbb{Q}(\theta_1,\ldots,\theta_\ell)[x_1,\ldots,x_n]/\mathbf{I}(D)$ に対する Macaulay の定理や，母数を含む多項式の交絡関係（$\mathbf{I}(D)$ を法とする同値関係）を考えることができる．2.4 節以降の理論が，一般の係数体 K について展開されていたことを思い出してほしい．

多項式モデルの識別可能性（母数の推定可能性）を判定する方法は以下である．いま，計画 $D \subset \mathbb{Q}^n$ と多項式モデル $f \in \mathbb{Q}(\theta_1,\ldots,\theta_\ell)[x_1,\ldots,x_n]$ が与えられたとき，M_n の単項式順序 $\prec$ を適当に定めれば，計画イデアル $\mathbf{I}(D)$ の $\prec$ に関するグレブナー基底 G を求めることができる．ここで，f の G による標準表示の余り r を求めれば，標準表示の定義より，r に含まれる単項式はすべて $\mathrm{Est}_{\prec}(D)$ に属する．この r と f は，剰余環 $\mathbb{Q}(\theta_1,\ldots,\theta_\ell)[x_1,\ldots,x_n]/\mathbf{I}(D)$ の同じ同値類に属する．つまり，D 上で交絡している．系 2.2 より，r の母数は推定可能であるから，r と f の母数を比較することで，f の母数の推定可能性が判定できる．特に，r の母数と f の母数が一対一であれば，f の母数は推定可能である．このとき，f は識別可能である．

定理 2.9（**計画 D 上の多項式モデルの識別可能性**）

計画 $D \subset \mathbb{Q}^n$ 上で，M_n の部分集合 $M \subset M_n$ の単項式からなる多項式モデルを

$$f = \sum_{\boldsymbol{x}^{\boldsymbol{a}} \in M} \theta_{\boldsymbol{a}} \boldsymbol{x}^{\boldsymbol{a}}$$

とする．M_n の単項式順序 $\prec$ を任意に固定し，計画イデアル $\mathbf{I}(D)$ の $\prec$ に関するグレブナー基底 $G_\prec$ と標準単項式の集合

$$\mathrm{Est}_\prec(D) = \{\boldsymbol{x}^{\boldsymbol{a}} \mid \boldsymbol{a} \in L\}$$

を定める．f の $G_\prec$ による標準表示の余りを

$$r = \sum_{\boldsymbol{a} \in \tilde{L} \subset L} \mu_{\boldsymbol{a}} \boldsymbol{x}^{\boldsymbol{a}}$$

と書く．ここで，写像 $\{\theta_{\boldsymbol{a}}\} \mapsto \{\mu_{\boldsymbol{a}}\}$ が一対一であるとき，f の母数は推定可能である．このとき，多項式モデル f は識別可能である．

以上の議論で確認したように，本書の設定において，多項式モデルの識別可能性と，その母数の推定可能性は，ほとんど同じ概念となる．実際，計算代数統計の教科書 [21] においても，両者を明確には区別せず，「意図的に (consciously)」同じ意味で使っている箇所もある[4]．

それでは，簡単な例で，識別可能性を確認しよう．

【例 2.12】（2^2 計画上の多項式モデルの識別可能性）　2 水準 2 因子の完全実施計画 $D = \{0,1\}^2$ を考える．グレブナー基底は（単項式順序によらず）

$$\{x_1^2 - x_1,\ x_2^2 - x_2\}$$

であるので，標準単項式の集合は

$$\mathrm{Est}(D) = \{1,\ x_1,\ x_2,\ x_1 x_2\}$$

である．したがって，定理 2.7 より多項式モデル

---

[4] [21] ではその理由を，同じ概念に対する二つの用語が，しばしば「理論と応用のそれぞれに対応する」と説明している．

$$f = \theta_{00} + \theta_{10}x_1 + \theta_{01}x_2 + \theta_{11}x_1x_2 \in \mathbb{Q}(\theta_{00}, \theta_{10}, \theta_{01}, \theta_{11})[x_1, x_2]$$

の母数は一意的に推定可能であり，系 2.2 より，この任意のサブモデル，例えば

$$f_1 = \theta_{00} + \theta_{10}x_1 + \theta_{01}x_2,$$
$$f_2 = \theta_{00} + \theta_{10}x_1 + \theta_{11}x_1x_2$$

などの母数も推定可能である．次に，2 次のフルモデル

$$f_3 = \theta_{20}x_1^2 + \theta_{02}x_2^2 + \theta_{11}x_1x_2 \in \mathbb{Q}(\theta_{20}, \theta_{02}, \theta_{11})[x_1, x_2]$$

を考える．これをグレブナー基底で割り算した余りは

$$r = \theta_{20}x_1 + \theta_{02}x_2 + \theta_{11}x_1x_2$$

であり，f_3 と同じ母数をもつ．r の母数は推定可能であるから，f_3 の母数も推定可能である．つまり f_3 は識別可能な多項式モデルである．一方，3 次のフルモデル

$$f_4 = \theta_{30}x_1^3 + \theta_{21}x_1^2x_2 + \theta_{12}x_1x_2^2 + \theta_{03}x_2^3 \in \mathbb{Q}(\theta_{30}, \theta_{21}, \theta_{12}, \theta_{03})[x_1, x_2]$$

を考えると，グレブナー基底で割り算した余りは

$$r = \theta_{30}x_1 + \theta_{03}x_2 + (\theta_{21} + \theta_{12})x_1x_2$$

であり，推定可能な母数は $\{\theta_{30}, \theta_{03}, \theta_{21} + \theta_{12}\}$ となる．つまり θ_{21} と θ_{12} は和の形でしか推定できないので，3 次のフルモデル f_4 は識別可能でない多項式モデルである．定義に合わせて表記すれば，写像

$$(\theta_{30}, \theta_{21}, \theta_{12}, \theta_{03}) \mapsto (\mu_{10}, \mu_{01}, \mu_{11}) = (\theta_{30}, \theta_{03}, \theta_{21} + \theta_{12})$$

は一対一でない．

次に，水準を変えて $D = \{-1, 1\}^2$ とする．今度はグレブナー基底は（単項式順序によらず）$\{x_1^2 - 1,\ x_2^2 - 1\}$ となり，標準単項式の集合は

$$\mathrm{Est}(D) = \{1,\ x_1,\ x_2,\ x_1 x_2\}$$

となる．この場合に，先ほどの 2 次のフルモデル f_3 を考えると，グレブナー基底で割り算した余りは

$$r = (\theta_{20} + \theta_{02}) + \theta_{11} x_1 x_2$$

となる．つまり母数 θ_{20} と θ_{02} は和の形でしか推定できず，f_3 は識別可能でない多項式モデルとなる．

この例から，多項式モデルの識別可能性は，水準のとり方に依存して決まることが分かる．次に，より一般的な例を考える．

【例 2.13】（サイズ 5 の計画上の多項式モデルの識別可能性の例）　サイズ 5 の 3 水準 2 因子計画

$$D = \{(0,0),\ (0,-1),\ (1,0),\ (1,1),\ (-1,1)\} \tag{2.39}$$

を考える．$x_1 \succ_{\mathrm{rev}} x_2$ なる逆辞書式順序での被約グレブナー基底（の定数倍）は

$$G = \{2\underline{x_1^2} + 2x_1 x_2 - x_2^2 - 2x_1 - x_2,\ \underline{x_2^3} - x_2,\ \underline{x_1 x_2^2} - x_1 x_2\}$$

となり，標準単項式の集合は

$$\mathrm{Est}_{\prec_{\mathrm{rev}}}(D) = \{1,\ x_2,\ x_2^2,\ x_1,\ x_1 x_2\}$$

となる．ここで，多項式モデル

$$f = \theta_{00} + \theta_{10} x_1 + \theta_{01} x_2 + \theta_{20} x_1^2 + \theta_{02} x_2^2$$
$$\in \mathbb{Q}(\theta_{00}, \theta_{10}; \theta_{01}, \theta_{20}, \theta_{02})[x_1, x_2]$$

の識別可能性を考える．f を G で割り算した余り r は

2.7 多項式モデルの識別可能性

$$r = \theta_{00} + \theta_{10}x_1 + \theta_{01}x_2 + \theta_{20}\left(-x_1x_2 + \frac{1}{2}x_2^2 + x_1 + \frac{1}{2}x_2\right) + \theta_{02}x_2^2$$

$$= \theta_{00} + (\theta_{10} + \theta_{20})x_1 + \left(\theta_{01} + \frac{1}{2}\theta_{20}\right)x_2 - \theta_{20}x_1x_2$$

$$+ \left(\theta_{02} + \frac{1}{2}\theta_{20}\right)x_2^2 \quad (2.40)$$

となる.したがって,写像 $(\theta_{00}, \theta_{10}, \theta_{01}, \theta_{20}, \theta_{02}) \mapsto (\mu_{00}, \mu_{10}, \mu_{01}, \mu_{11}, \mu_{02})$ は

$$\mu_{00} = \theta_{00}, \quad \mu_{10} = \theta_{10} + \theta_{20}, \quad \mu_{01} = \theta_{01} + \frac{1}{2}\theta_{20},$$

$$\mu_{11} = -\theta_{20}, \mu_{02} = \theta_{02} + \frac{1}{2}\theta_{20}$$

で与えられ,これは一対一である.したがって,推定可能な母数 $\{\mu_{00}, \mu_{10}, \mu_{01}, \mu_{11}, \mu_{02}\}$ の値が定まれば,逆変換により f の母数 $\{\theta_{00}, \theta_{10}, \theta_{01}, \theta_{20}, \theta_{02}\}$ の値も一意的に定まる.したがって,f は識別可能な多項式モデルである.

以上の例で見たように,定理 2.9 における写像 $\{\theta_a\} \mapsto \{\mu_a\}$ は線型写像となる.このことは一般的に成り立ち,理由は割り算アルゴリズムで行われている式変形より明らかである.例えば式 (2.40) の式変形は「$2x_1^2 + 2x_1x_2 - x_2^2 - 2x_1 - x_2$ で割る」という演算,つまり

$$x_1^2 = -x_1x_2 + \frac{1}{2}x_2^2 + x_1 + \frac{1}{2}x_2$$

という代入であることを確認してほしい.つまり,$\mathbb{Q}[x_1, \ldots, x_n]$ の多項式からなるグレブナー基底で割り算を行ったとき,それにより得られる $\{\mu_a\}$ は,必ず $\{\theta_a\}$ の $\mathbb{Q}$-線型結合となる.

多項式が母数を含む場合のグレブナー基底での割り算を,Macaulay2 で行うためには,この性質を利用する.実際に,先ほどの例 2.13 の計算を Macaulay2 で行ってみよう.

【例 2.14】(例 2.13 の Macaulay2 による計算)　まず，例 2.13 に示した逆辞書式順序でのグレブナー基底を，消去定理から計算して確認する．

```
―――――――― 計画イデアルのグレブナー基底 ――――――――
i1 : R=QQ[t1,t2,t3,t4,t5,x1,x2,MonomialOrder=>{5,2}];
i2 : I=ideal(t1*x1,t1*x2,t2*x1,t2*(x2+1),t3*(x1-1),t3*x2,
            t4*(x1-1),t4*(x2-1),t5*(x1+1),t5*(x2-1),
            t1+t2+t3+t4+t5-1);
o2 : Ideal of R
i3 : g=gens gb I;
             1     8
o3 : Matrix R  <--- R
i4 : g2 = selectInSubring(1,g)
o4 = | 2x1^2+2x1x2-x2^2-2x1-x2  x2^3-x2  x1x2^2-x1x2 |
             1     3
o4 : Matrix R  <--- R
```

o4 行が，逆辞書式順序に関する被約グレブナー基底（の定数倍）であり，例 2.13 で示したものと一致している．標準単項式はこのイニシャル単項式から求められる．あるいはコマンドにより

```
―――――――――― 標準単項式の確認 ――――――――――
i5 : S=R/I; basis S
o6 = | 1 x1 x1x2 x2 x2^2 |
             1     5
o6 : Matrix S  <--- S
```

と確認してもよい．o6 行より，標準単項式の集合 $\{1, x_1, x_1 x_2, x_2, x_2^2\}$ が得られた．

次に，母数を含む多項式

$$f = \theta_{00} + \theta_{10} x_1 + \theta_{01} x_2 + \theta_{20} x_1^2 + \theta_{02} x_2^2$$

の代数的識別可能性を判定するために，多項式環 $\mathbb{Q}(\theta_{00}, \theta_{10}, \theta_{01}, \theta_{20}, \theta_{02})[x_1, x_2]$ を定義したい．ところが，Macaulay2 のヘルプを見ても，有理関

数体上の多項式環の宣言の方法が見当たらない．その代わり，多項式環上の多項式環 $\mathbb{Q}[\theta_{00},\theta_{10},\theta_{01},\theta_{20},\theta_{02}][x_1,x_2]$ の使用例が記されている．先ほどみたように，係数として現れるのは θ_a の $\mathbb{Q}$-線型結合だけであるので，今回はこの方法で十分である．以下のように多項式環を定義する．

――――――― 母数を含む多項式環の宣言 ―――――――
```
i7 : R2=QQ[a00,a10,a01,a20,a02][x1,x2]
o7 = R2
o7 : PolynomialRing
```

i7 行で，母数 $\theta_{00},\theta_{10},\theta_{01},\theta_{20},\theta_{02}$ を表す変数として a00,a10,a01,a20,a02 を使い，多項式環 $\mathbb{Q}[\theta_{00},\theta_{10},\theta_{01},\theta_{20},\theta_{02}][x_1,x_2]$ を宣言した．割り算は以下のように実行する．

―――――― 母数を含む多項式のグレブナー基底による割り算の余り ――――――
```
i8 : g3=(map(R2,R))(g2)
o8 = | 2x1^2+2x1x2-x2^2-2x1-x2  x2^3-x2  x1x2^2-x1x2 |

             1         3
o8 : Matrix R2  <--- R2
i9 : f=a00+a10*x1+a01*x2+a20*x1^2+a02*x2^2
            2         2
o9 = a20*x1  + a02*x2  + a10*x1 + a01*x2 + a00
o9 : R2
i10 : f % g3
                      1              2
o10 = - a20*x1*x2 + (-a20 + a02)x2  + (a10 + a20)x1

               2
      + (a01 + -a20)x2  + a00
               2
o10 : R2
```

まず，i8 行で，先ほど求めたグレブナー基底を新たに定めた多項式環 R2 に写す．i9 行で定義した多項式の，グレブナー基底による割り算の余りは，単に % で求められる．o10 行が，例 2.13 で示した余りである．

定理 2.9 において，単項式順序は任意に固定してよい．この点は重要であるので，定理の形で述べておく．

定理 2.10
計画 $D \subset \mathbb{Q}^n$ 上で定義された多項式モデル $f \in K[x_1, \ldots, x_n]$ が，M_n の単項式順序 $\prec$ に関して（定理 2.9 の意味で）識別可能であるなら，任意の M_n の単項式順序 $\prec'$ に関しても識別可能である．

証明 $E = \{[u] \mid u \in \mathrm{Est}_\prec(D)\}$ と $E' = \{[u] \mid u \in \mathrm{Est}_{\prec'}(D)\}$ は，いずれも K-ベクトル空間 $K[x_1, \ldots, x_n]/\mathbf{I}(D)$ の基底であるので，E から E' への変換は正則な線型変換であることが従う．したがって，定理 2.9 は，単項式順序に依存しない識別可能性の判定法である． □

最後に，あと二つ，例を考えよう．一つは [24] で考えられている例，もう一つは実験計画法で馴染みのある例である．

【例 2.15】（水準が有理数の混合計画） 次の計画行列は，[24] で考えられている**混合計画 (mixture design)**[5]である．

x_1	x_2	x_3
1	0	0
0	1	0
0	0	1
$\frac{1}{2}$	$\frac{1}{2}$	0
$\frac{1}{2}$	0	$\frac{1}{2}$
0	$\frac{1}{2}$	$\frac{1}{2}$
$\frac{1}{3}$	$\frac{1}{3}$	$\frac{1}{3}$

この計画上で，2 次のフルモデル

---

[5]この例のような，因子の水準が 0 から 1 で，水準値の総和が 1 であるような計画を混合計画という．化学製品における複数種類の原料の配合割合を決める目的などに使われる．

2.7 多項式モデルの識別可能性

$$f = \theta_{000} + \theta_{100}x_1 + \theta_{010}x_2 + \theta_{001}x_3 + \theta_{200}x_1^2 + \theta_{020}x_2^2 + \theta_{002}x_3^2$$
$$+ \theta_{110}x_1x_2 + \theta_{101}x_1x_3 + \theta_{011}x_2x_3$$

のサブモデルのうち，識別可能なものを求めよう．

まず，計画イデアルを計算する．一般の計画として計画点から求めることもできるが，ここではこの計画が，連立方程式

$$x_i(x_i - 1)\left(x_i - \frac{1}{2}\right)\left(x_i - \frac{1}{3}\right) = 0, \ i = 1, 2, 3$$

$$x_1 + x_2 + x_3 = 0$$

の解集合であることに気付けば話が早い．以下の計算は変数を x,y,z としている．

───── 計画イデアルのグレブナー基底，標準単項式 ─────
```
i1 : R = QQ[x,y,z];
i2 : I=ideal(x*(x-1)*(x-1/2)*(x-1/3),y*(y-1)*(y-1/2)*(y-1/3),
             z*(z-1)*(z-1/2)*(z-1/3),x+y+z-1);
o2 : Ideal of R
i3 : g=gens gb I
o3 = | x+y+z-1 4yz2+2z3-2yz-3z2+z 4y2z+2z3-2yz-3z2+z
     -----------------------------------------------------
     2y3-2z3-3y2+3z2+y-z 6z4-11z3+6z2-z |
             1         5
o3 : Matrix R   <--- R
i4 : S=R/I; basis S
o5 = | 1 y y2 yz z z2 z3 |
             1       7
o5 : Matrix S   <--- S
```

o3 行が逆辞書式順序の下でのグレブナー基底，o5 行が対応する標準単項式の集合

$$\mathrm{Est}_{\prec_{\mathrm{rev}}}(D) = \{1, \ x_2, \ x_2^2, \ x_2x_3, \ x_3, \ x_3^2, \ x_3^3\}$$

である．標準単項式の数は計画点の数に等しい．

次に，母数を含む多項式環を定義する．母数を表す変数には a を使う．先ほど計算したグレブナー基底も，この多項式環に写す．

```
─────────── 母数を含む多項式環の宣言 ───────────
i6 : use R;
i7 : R2=QQ[a000,a100,a010,a001,a200,a020,a002,a110,a101,a011][x,y,z]
o7 = R2
o7 : PolynomialRing
i8 : g2=(map(R2,R))(g);

             1        5
o8 : Matrix R2  <--- R2
```

i6 行は，i4 行で計算した剰余環 S からもとの多項式環 R に戻るために必要である．これで準備ができたので，2 次のフルモデルを定義して，割り算の余りを求める．

```
─────────── グレブナー基底による割り算の余り ───────────
i9 : f=a000+a100*x+a010*y+a001*z+a200*x^2+a020*y^2+a002*z^2
     +a110*x*y+a101*x*z+a011*y*z;
i10 : f % g2
                        2
o10 = (a200 + a020 - a110)y  + (2a200 - a110 - a101 + a011)y*z
      ----------------------------------------------------------
                            2
    + (a200 + a002 - a101)z  + (- a100 + a010 - 2a200 + a110)y
      ----------------------------------------------------------
    + (- a100 + a001 - 2a200 + a101)z + a000 + a100 + a200
      ----------------------------------------------------------
o10 : R2
```

o10 行の出力から，割り算の余りは

$$\theta_{000} + \theta_{100} + \theta_{200} + (-\theta_{100} + \theta_{010} - 2\theta_{200} + \theta_{110})x_2$$
$$+ (-\theta_{100} + \theta_{001} - 2\theta_{200} + \theta_{101})x_3 + (\theta_{200} + \theta_{020} - \theta_{110})x_2^2$$
$$+ (2\theta_{200} - \theta_{110} - \theta_{101} + \theta_{011})x_2 x_3 + (\theta_{200} + \theta_{002} - \theta_{101})x_3^2$$

2.7 多項式モデルの識別可能性

となる.この結果から,まず,推定可能な母数は高々6個であることが分かる.これは,実験計画法においてよく知られた「3因子の2次の混合モデルの自由度は高々6」という事実 ([24]) に合う結果である.

識別可能な多項式モデルを求めるために,写像 $\{\theta_a\} \mapsto \{\mu_a\}$ を表す行列を求めると,以下のようになる.

	θ_{000}	θ_{100}	θ_{010}	θ_{001}	θ_{200}	θ_{020}	θ_{002}	θ_{110}	θ_{101}	θ_{011}
μ_{000}	1	1	0	0	1	0	0	0	0	0
μ_{010}	0	−1	1	0	−2	0	0	1	0	0
μ_{001}	0	−1	0	1	−2	0	0	0	1	0
μ_{020}	0	0	0	0	1	1	0	−1	0	0
μ_{011}	0	0	0	0	2	0	0	−1	−1	1
μ_{002}	0	0	0	0	1	0	1	0	−1	0

この行列から6列を抜き出してできる行列のうち,フルランクとなるものが,識別可能な多項式モデルである[6].

【例2.16】(3因子の Box-Behnken 計画) 計画行列が以下で与えられる,3つの3水準因子の Box-Behnken 計画を考える.

---

[6] フルランクとなる選び方は $\binom{10}{6} = 210$ 通りのうち 141 通りある.

x_1	x_2	x_3
1	1	0
1	−1	0
−1	1	0
−1	−1	0
1	0	1
1	0	−1
−1	0	1
−1	0	−1
0	1	1
0	1	−1
0	−1	1
0	−1	−1
0	0	0

Box-Behnken 計画 ([5]) は，レギュラーでない 3 水準の一部実施計画の，古典的な例のひとつである．上の計画は，3 通りの因子の組み合わせのそれぞれについて，考えている因子の水準は $\{-1, 1\}^2$ の組合せ配置を，それ以外の因子の水準は 0 に設定した 4 点を考え，それらに原点 $(0, 0, 0)$ を加えた 13 点から構成されている．Box-Behnken 計画は，実験計画法では**応答曲面法 (response surface method)** において用いられる計画（応答曲面計画）のひとつである．実際に使われる際には，原点では繰り返し測定を行う，等の注意点があるが，ここではそれは考えず，上の計画行列の 13 点の計画として考えよう．応答曲面法の考え方は，[30] に分かりやすい説明がある．

応答曲面法において Box-Behnken 計画は，2 次の応答曲面計画として利用される．つまり，上の計画であれば，多項式モデル（2 次の応答曲面モデル）

2.7 多項式モデルの識別可能性

$$\theta_{000} + \theta_{100}x_1 + \theta_{010}x_2 + \theta_{001}x_3 + \theta_{200}x_1^2 + \theta_{020}x_2^2 + \theta_{002}x_3^2 \\ + \theta_{110}x_1x_2 + \theta_{101}x_1x_3 + \theta_{011}x_2x_3 \quad (2.41)$$

の母数が推定可能であることが知られている．このことを，Macaulay2 で確認しよう．まず，計画イデアルを定義して標準単項式の集合を求める．

───── 3因子の Box-Benken 計画の標準単項式 ─────
```
i1 : R=QQ[t1,t2,t3,t4,t5,t6,t7,t8,t9,t10,t11,t12,t13,x1,x2,x3,
     MonomialOrder=>{13,3}];
i2 : I=ideal(t1*(x1-1),t1*(x2-1),t1*x3,t2*(x1-1),t2*(x2+1),t2*x3,
        t3*(x1+1),t3*(x2-1),t3*x3,t4*(x1+1),t4*(x2+1),t4*x3,
        t5*(x1-1),t5*x2,t5*(x3-1),t6*(x1-1),t6*x2,t6*(x3+1),
        t7*(x1+1),t7*x2,t7*(x3-1),t8*(x1+1),t8*x2,t8*(x3+1),
        t9*x1,t9*(x2-1),t9*(x3-1),t10*x1,t10*(x2-1),t10*(x3+1),
        t11*x1,t11*(x2+1),t11*(x3-1),t12*x1,t12*(x2+1),t12*(x3+1),
        t13*x1,t13*x2,t13*x3,
        t1+t2+t3+t4+t5+t6+t7+t8+t9+t10+t11+t12+t13-1);
o2 : Ideal of R
i3 : g = gens gb I;
             1       21
o3 : Matrix R  <--- R
i4 : g2 = selectInSubring(1,g)
o4 = | x3^3-x3 x1x2x3 x1^2x3+x2^2x3-x3 x2^3-x2 x1x2^2+x1x3^2-x1
     ----------------------------------------------------------
     x1^2x2+x2x3^2-x2 x1^3-x1 2x2^2x3^2+x1^2-x2^2-x3^2 |
             1       8
o4 : Matrix R  <--- R
i5 : S = R/I; basis S
o6 = | 1 x1 x1^2 x1x2 x1x3 x1x3^2 x2 x2^2 x2^2x3 x2x3 x2x3^2 x3
     ----------------------------------------------------------
     x3^2 |
             1       13
o6 : Matrix S  <--- S
```

o6 行より，逆辞書式順序での標準単項式の集合

$\mathrm{Est}_{\prec_{\mathrm{rev}}}(D)$
$= \{1,\ x_1,\ x_1^2,\ x_1x_2,\ x_1x_3,\ x_1x_3^2,\ x_2,\ x_2^2,\ x_2^2x_3,\ x_2x_3,\ x_2x_3^2,\ x_3,\ x_3^2\}$

が得られた．これは式 (2.41) の単項式をすべて含むので，2 次の応答曲面モデルの母数が推定可能，つまり 2 次の応答曲面モデルが識別可能であることが（割り算を行わなくても）ただちに分かる．

2 次の応答曲面モデルに含まれる母数の数は 10 個であり，計画のサイズは 13 であるから，最大であと 3 個の母数を加えた識別可能なモデルを構築することができる．例えば，上の $\mathrm{Est}_{\prec_{\mathrm{rev}}}(D)$ に含まれる 3 つの 3 次の単項式 $x_1x_3^2,\ x_2^2x_3,\ x_2x_3^2$ を追加した多項式モデル

$$\theta_{000} + \theta_{100}x_1 + \theta_{010}x_2 + \theta_{001}x_3 + \theta_{200}x_1^2 + \theta_{020}x_2^2 + \theta_{002}x_3^2$$
$$+ \theta_{110}x_1x_2 + \theta_{101}x_1x_3 + \theta_{011}x_2x_3 + \theta_{102}x_1x_3^2 + \theta_{021}x_2^2x_3 + \theta_{012}x_2x_3^2$$

は識別可能である．同様にして，3 次のフルモデル[7]

$$\begin{aligned}&\theta_{000} + \theta_{100}x_1 + \theta_{010}x_2 + \theta_{001}x_3 \\ &+ \theta_{200}x_1^2 + \theta_{020}x_2^2 + \theta_{002}x_3^2 + \theta_{110}x_1x_2 + \theta_{101}x_1x_3 + \theta_{011}x_2x_3 \\ &+ \theta_{210}x_1^2x_2 + \theta_{120}x_1x_2^2 + \theta_{201}x_1^2x_3 + \theta_{102}x_1x_3^2 + \theta_{021}x_2^2x_3 + \theta_{012}x_2x_3^2\end{aligned} \quad (2.42)$$

のサブモデルのうち，識別可能なものを求めよう．

──────── 3 次のフルモデルの交絡関係 ────────
```
i7 : R2 = QQ[a000,a100,a010,a001,a200,a020,a002,a110,a101,a011,
             a210,a120,a201,a102,a021,a012,a111][x1,x2,x3];
i8 : g3=(map(R2,R))(g2);
                1         8
o8 : Matrix R2  <--- R2
i9 : f2=a000+a100*x1+a010*x2+a001*x3+a200*x1^2+a020*x2^2+a002*x3^2
        +a110*x1*x2+a101*x1*x3+a011*x2*x3+a210*x1^2*x2+a120*x1*x2^2
```

---

[7] 明らかに交絡関係にある $x_1^3 = x_1$ などの項と，水準の積が 0 となる $x_1x_2x_3$ の項は除いている．

2.7 多項式モデルの識別可能性

```
            +a201*x1^2*x3+a102*x1*x3^2+a021*x2^2*x3+a012*x2*x3^2;
i10 : f2 % g3

                     2                          2
o10 = (- a201 + a021)x2 x3 + (- a120 + a102)x1*x3
      ----------------------------------------------------------
                                 2          2
     + (- a210 + a012)x2*x3  + a200*x1  + a110*x1*x2
     ----------------------------------------------------------
              2                                    2
     + a020*x2  + a101*x1*x3 + a011*x2*x3 + a002*x3   +
     ----------------------------------------------------------
       (a100 + a120)x1 + (a010 + a210)x2 + (a001 + a201)x3 + a000
o10 : R2
```

この出力 o10 より，式 (2.42) をグレブナー基底で割った余りが

$$\theta_{000} + (\theta_{100} + \theta_{120})x_1 + (\theta_{010} + \theta_{210})x_2 + (\theta_{001} + \theta_{201})x_3$$
$$+ \theta_{200}x_1^2 + \theta_{020}x_2^2 + \theta_{002}x_3^2 + \theta_{110}x_1x_2 + \theta_{101}x_1x_3 + \theta_{011}x_2x_3$$
$$+ (-\theta_{120} + \theta_{102})x_1x_3^2 + (-\theta_{201} + \theta_{021})x_2^2x_3 + (-\theta_{210} + \theta_{012})x_2x_3^2$$

となることが分かる．したがって，母数の推定可能性は

- $\theta_{100}, \theta_{120}, \theta_{102}$ のうち任意の高々 2 つが推定可能
- $\theta_{010}, \theta_{210}, \theta_{012}$ のうち任意の高々 2 つが推定可能
- $\theta_{001}, \theta_{201}, \theta_{021}$ のうち任意の高々 2 つが推定可能

とまとめられる．主効果に対応する 1 次の係数 $\theta_{100}, \theta_{010}, \theta_{001}$ はモデルに含むのが一般的であるから，結局，2 次の応答曲面モデル (2.41) に追加できる母数の組み合わせは

$$\{\theta_{120}, \theta_{102} \text{ のいずれか}\} + \{\theta_{210}, \theta_{012} \text{ のいずれか}\}$$
$$+ \{\theta_{201}, \theta_{021} \text{ のいずれか}\}$$

となる．

2.8 関連する話題

以上，計算代数統計の最初の論文である [24] の内容を説明した．まとめると，まず，計画 D 上の識別可能な多項式モデルは，計画イデアル $\mathbf{I}(D)$ へのイデアル所属問題により特徴づけることができる．また，母数が推定可能な多項式モデルは，グレブナー基底の計算によりシステマティックに構成することができる．つまり，サイズ m の n 水準計画 $D \subset \mathbb{Q}^n$ に対して，M_n の単項式順序 $\prec$ を固定すれば，$\prec$ に関するグレブナー基底から標準単項式の集合 $\mathrm{Est}_\prec(D)$ が得られ，そこから母数が推定可能な多項式モデルが構成できる（定理 2.7，系 2.2）．さらに，任意に与えた多項式モデルの識別可能性は，それと D 上で交絡する $\mathrm{Est}_\prec(D)$ の元からなる多項式を求めることにより判定できる（定理 2.9）．

ここで，標準単項式の集合 $\mathrm{Est}_\prec(D)$ は必ず階層的な構造をもつから，定理 2.7 や系 2.2 により得られる識別可能な多項式モデルは，自動的に階層モデルとなることに注目しよう．この点は，階層モデルを重視する統計学の考え方に合致しており，好ましい点といえる．そこで本節では，グレブナー基底から得られる多項式モデルと，統計学で使われる階層モデルの関係について，関連する話題をいくつか紹介する．

計画 $D \subset \mathbb{Q}^n$ に対し，M_n の単項式順序 $\prec$ を固定すれば標準単項式の集合 $\mathrm{Est}_\prec(D)$ が定まるが，この単項式順序 $\prec$ として M_n のすべての単項式順序を考えたときに，対応する $\mathrm{Est}_\tau(D)$ たちの集合を考えよう．これを計画 D の**扇 (fan)** とよぶ．正確な定義のため，M_n の単項式順序全体の集合を $\mathcal{O}_n$ とし，イデアル $I \subset K[x_1,\ldots,x_n]$ から定まる $\mathcal{O}_n$ 上の同値関係を

$$\prec_1 \sim \prec_2 \Leftrightarrow \mathrm{in}_{\prec_1}(I) = \mathrm{in}_{\prec_2}(I)$$

と定義する．この同値関係により，M_n の単項式順序の集合 $\mathcal{O}_n$ は同値類に分割される．この同値類の集合 $\mathcal{O}_n/\sim$ を，イデアル I の**代数的扇 (algebraic fan)** とよぶ．特に，イデアルとして計画イデアルを考えると

き，計画イデアル $\mathbf{I}(D)$ の代数的扇の各元 $[\prec] \in \mathcal{O}_n/\sim$ に対する標準単項式の集合を，代表元 $\prec$ に対する $\mathrm{Est}_\prec(D)$ として定義 (well-defined) することができる．この集合

$$\{\mathrm{Est}_\prec(D) \mid [\prec] \in \mathcal{O}_n/\sim\}$$

が計画 D の扇である．扇とは多面体の理論の用語であり，本書では定義は省略するが，興味のある読者はグレブナー道場 ([15]) の第 5 章[8]) などを参照してほしい．

計画 D の扇の各元は，本書で説明した方法で得られる，つまり定理 2.7 から得られる，母数がすべて推定可能な飽和多項式モデルに対応する．しかし，計画 D の扇は，すべての「計画 D において母数がすべて推定可能な飽和多項式モデル」の集合には一致しない．つまり，計画 D において母数がすべて推定可能な飽和多項式モデルには，計画 D の扇に含まれないものが存在する．実は例 2.13 で考えたサイズ 5 の計画が，そのような例となっている．

【例 2.17】（例 2.13 の代数的扇）　例 2.13 で確認したように，サイズ 5 の 3 水準 2 因子計画 (2.39) に対して，多項式モデル

$$f = \theta_{00} + \theta_{10}x_1 + \theta_{01}x_2 + \theta_{20}x_1^2 + \theta_{02}x_2^2$$

は識別可能モデルである．一方，この計画イデアルの代数的扇は 2 つの元からなり，それらに対応する標準単項式集合の集合は

$$\{\{1,\ x_1,\ x_2,\ x_1^2,\ x_1 x_2\},\ \{1,\ x_1,\ x_2,\ x_2^2,\ x_1 x_2\}\}$$

である．これがこの計画の扇であり，$\{1,\ x_1,\ x_2,\ x_1^2,\ x_2^2\}$ は含まれない．つまり $\{1,\ x_1,\ x_2,\ x_1^2,\ x_2^2\}$ を標準単項式集合とするような $\mathcal{O}_2$ の単項式順序は存在しない．

---

[8]) 大杉英史教授による「凸多面体とグレブナー基底」は，まえがきで第二のブレークスルーと書いた，凸多面体の三角形分割の理論とグレブナー基底の理論の関係を説明したものである．この分野における発展的な話題には，[26] の第 2 章などで述べられているグレブナー扇やステイト多面体 (state polytope) の研究がある．

与えられた計画 D に対してその扇を求めるには，計画イデアル $\mathbf{I}(D)$ のグレブナー基底を，すべての単項式順序に関して計算する必要がある．この計算は，以下に述べる普遍グレブナー基底の計算として実行される．一般に，イデアル $I \subset K[x_1,\ldots,x_n]$ の単項式順序 $\prec$ に関する被約グレブナー基底を $G_\prec$ とおくとき，和集合

$$\bigcup_{\prec \in \mathcal{O}_n} G_\prec \tag{2.43}$$

は有限集合となり，これを**普遍グレブナー基底 (universal Gröbner basis)** とよぶ[9]．普遍グレブナー基底の計算は，一般には計算量的にかなり難しいが，代表的なプログラムにgfanがある ([14])．gfanはMacaulay2でも使うことができるので，上に示した例2.13について，実際に計画の扇を計算して確認しよう．計画イデアルの定義までは例2.14と同じである．

─────── 計画イデアルの計算 ───────
```
i1 : R=QQ[t1,t2,t3,t4,t5,x1,x2,MonomialOrder=>{5,2}];
i2 : I=ideal(t1*x1,t1*x2,t2*x1,t2*(x2+1),t3*(x1-1),t3*x2,
             t4*(x1-1),t4*(x2-1),t5*(x1+1),t5*(x2-1),
             t1+t2+t3+t4+t5-1);
o2 : Ideal of R
i3 : g = gens gb I;
             1        8
o3 : Matrix R  <--- R
i4 : g2 = selectInSubring(1,g)
o4 = | 2x1^2+2x1x2-x2^2-2x1-x2  x2^3-x2  x1x2^2-x1x2 |
             1        3
o4 : Matrix R  <--- R
```

---

[9] 一般的には，「任意の単項式順序に関してイデアル I のグレブナー基底となる集合」をイデアル I の普遍グレブナー基底という．式 (2.43) の集合は，この性質を満たす普遍グレブナー基底のひとつである．文献 [26] では，式 (2.43) の集合を the universal Gröbner basis とよんで一般的な普遍グレブナー基底 (a universal Gröbner basis) と区別している．また文献 [15] の第5章では，式 (2.43) の集合を**狭義普遍グレブナー基底**とよんでいる．本書では簡明のため，式 (2.43) の集合を単に普遍グレブナー基底とよぶことにする．

2.8 関連する話題

```
i5 : R2=QQ[x1,x2];
i6 : g3 = (map(R2,R))(g2);

               1       3
o6 : Matrix R2  <--- R2
i7 : I2=ideal(g3)
             2           2            3          2
o7 = ideal (2x1  + 2x1*x2 - x2  - 2x1 - x2, x2  - x2, x1*x2
           - x1*x2)
o7 : Ideal of R2
```

例 2.14 と同様に，計画点から消去定理によりグレブナー基底を求め，i6 行でそれを多項式環 $\mathbb{Q}[x_1, x_2]$ に写した後，i7 行で $\mathbb{Q}[x_1, x_2]$ の計画イデアルを計算している．

次に，gfan を使う準備をする．

────────── パッケージの読み込み ──────────
```
i8 : loadPackage "gfanInterface";
--storing configuration for package gfanInterface in
/home/m2user/.Macaulay2/init-gfanInterface.m2
o8 = gfanInterface
o8 : Package
```

パッケージを読み込むコマンドは loadPackage である．i8 行では，パッケージ gfanInterface を読み込んでおり，これで gfan を使う準備ができた．ただし，表示されるメッセージは計算機環境により異なる．普遍グレブナー基底を計算しよう．

────────── 普遍グレブナー基底の計算 ──────────
```
i9 : (M,L) = gfan I2;
LP algorithm being used: "cddgmp".
i10 : M
          3      2    2     2    2     3
o10 = {{x2 , x1*x2 , x1 }, {x2 , x1 x2, x1 }}
o10 : List
i11 : L
```

```
         3              2              2              1  2          1
o11 = {{x2  - x2, x1*x2  - x1*x2, x1  + x1*x2 - -x2  - x1 - -x2},
                                                  2           2
      ---------------------------------------------------------------
          2                2                   2      2
      {- 2x1  - 2x1*x2 + x2  + 2x1 + x2, x1 x2 - x1  - x1*x2 + x1,
      ---------------------------------------------------------------
        3
      x1  - x1}}
o11 : List
```

gfan の出力は，代数的扇の各元に関する被約グレブナー基底のリストと，そのイニシャル単項式のリストである．i9 行では，すべての被約グレブナー基底を計算して，その出力を二つのリストに代入し，o10 行でイニシャル単項式のリストを，o11 行で被約グレブナー基底のリストを，それぞれ表示している．得られた被約グレブナー基底の和集合が普遍グレブナー基底である．イニシャル単項式から得られる計画の扇は，例 2.17 に示したものと一致している．

代数的扇に関連した計画の特徴づけを紹介する．**極小扇計画 (minimal fan design)** は，扇が一つの元からなる計画をいう．例として，完全実施計画は極小扇計画である（例 2.9）．それ以外では，例 2.7 で例を見た echelon 計画や，それを拡張した一般化 echelon 計画 (generalised echelon design) も極小扇計画であることが知られている ([25])．ここでは，例 2.7 の echelon 計画が極小扇計画であることを，Macaulay2 で普遍グレブナー基底を求めて確認しよう．まずイデアルを定義する．

echelon 計画の計画イデアル

```
i1 : R=QQ[t1,t2,t3,t4,t5,t6,t7,t8,x,y,MonomialOrder=>{8,2}];
i2 : I=ideal(t1*x,t1*y,t2*(x-1),t2*y,t3*(x-2),t3*y,t4*(x-3),t4*y,
                t5*x,t5*(y-1),t6*(x-1),t6*(y-1),t7*(x-2),t7*(y-1),
                t8*x,t8*(y-2),t1+t2+t3+t4+t5+t6+t7+t8-1);
o2 : Ideal of R
```

2.8 関連する話題

```
i3 : g=gens gb I;
             1    12
o3 : Matrix R  <--- R
i4 : g2=selectInSubring(1,g);
             1    4
o4 : Matrix R  <--- R
i5 : R2=QQ[x,y];
i6 : g3=(map(R2,R))(g2);
             1    4
o6 : Matrix R2  <--- R2
i7 : I2=ideal(g3);
o7 : Ideal of R2
```

次に普遍グレブナー基底を計算する．

──── echelon 計画の普遍グレブナー基底 ────
```
i9 : loadPackage "gfanInterface";
--loading configuration for package "gfanInterface"  (省略)
i10 : (M,L) = gfan I2;
LP algorithm being used: "cddgmp".
i10 : M
         3     2     3    4
o10 = {{y , x*y , x y, x }}
o10 : List
i11 : L
         3    2       2      3     2
o11 = {{y - 3y + 2y, x*y - x*y, x y - 3x y + 2x*y,
       ---------------------------------------------------------
         4    3     2
        x - 6x + 11x - 6x}}
o11 : List
```

o10, o11 行より，確かに代数的扇の元は一つしかないことが確認された．o10 行のイニシャル単項式より，計画の扇の唯一の元は

$$\{1,\ x,\ x^2,\ x^3,\ xy,\ x^2y,\ y,\ y^2\}$$

であり，これは計画点に対応している．任意の（一般化）echelon 計画について同様の性質が成り立つ．

極大扇計画 (maximal fan design) は，計画上で識別可能なすべての階層的な飽和多項式モデルについて，そこに現れる単項式の集合を標準単項式とするような単項式順序が存在する計画をいう．極大扇計画に関しては，主にその存在性や構成法が研究されている．構成法に関する研究は，効率的なアルゴリズムの研究と関連があり（[2] など），存在性に関する研究は，水準が整数格子点からなる計画が興味の対象のひとつである．例えば，完全実施計画は極大扇計画である．また，計画行列がファンデルモンド行列から構成される計画，例えば 3 因子計画

x_1	x_2	x_3
1	1	1
1	2	4
1	3	9
1	5	25

などは極大扇計画である．また [21] では，水準が整数格子点からなる 2 因子計画のいくつかを紹介している．

ここでは，上のファンデルモンド型の計画が極大扇計画であることを，実際に普遍グレブナー基底を Macaulay2 で計算して確認しよう．

```
─────────────── 計画イデアル ───────────────
i1 : R=QQ[t1,t2,t3,t4,x1,x2,x3,MonomialOrder=>{4,3}];
i2 : I=ideal(t1*(x1-1),t1*(x2-1),t1*(x3-1),t2*(x1-1),t2*(x2-2),
             t2*(x3-4),t3*(x1-1),t3*(x2-3),t3*(x3-9),t4*(x1-1),
             t4*(x2-5),t4*(x3-25),t1+t2+t3+t4-1);
o2 : Ideal of R
i3 : g=gens gb I;
             1        8
o3 : Matrix R  <--- R
i4 : g2=selectInSubring(1,g)
o4 = | x1-1 11x2x3-x3^2+61x2-41x3-30 x2^2-x3
     ─────────────────────────────────────────
```

2.8 関連する話題

```
          11x3^3-490x3^2-20160x2+8939x3+11700  |
                  1         4
o4 : Matrix R  <--- R
i5 : R2=QQ[x1,x2,x3];
i6 : g3=(map(R2,R))(g2);
                  1         4
o6 : Matrix R2  <--- R2
i7 : I2=ideal(g3);
o7 : Ideal of R2
```

i7 行で計画イデアルを定義している．計画イデアルのグレブナー基底は o4 行より

$$\begin{aligned}
&x_1 - 1, \\
&11x_2x_3 - x_3^2 + 61x_2 - 41x_3 - 30, \\
&x_2^2 - x_3, \\
&11x_3^3 - 490x_3^2 - 20160x_2 + 8939x_3 + 11700
\end{aligned}$$

である．次に gfan で普遍グレブナー基底を計算する．

───── 普遍グレブナー基底の計算 ─────
```
i8 : loadPackage "gfanInterface";
--loading configuration for package "gfanInterface" from   (省略)
i9 : (M,L)=gfan I2;
LP algorithm being used: "cddgmp".
i10 : M
             4              3             2        2       2
o10 = {{x3 , x2 , x1}, {x3 , x2*x3, x2 , x1}, {x3 , x2 , x1},
       ------------------------------------------------------
              4
        {x3, x2 , x1}}
o10 : List
```

被約グレブナー基底 (L) の出力は省略した．o10 行より，代数的扇の元の数は 4 であることが分かる．それらのイニシャル単項式から求めた標準単項式集合の集合は

$$\{\{1,\ x_3,\ x_3^2,\ x_3^3\},\quad \{1,\ x_2,\ x_3,\ x_3^2\},$$
$$\{1,\ x_2,\ x_3,\ x_2x_3\},\ \{1,\ x_2,\ x_2^2,\ x_2^3\}\}$$

となり,これがこの計画の扇である.

この計画が極大扇計画であることを確認するには,元が4つからなる,階層構造をもつ単項式の集合(13通り)のうち,上記に含まれないもののそれぞれについて,対応する多項式モデルがすべて識別可能でないことを確かめる必要がある.該当するものは以下の9通りである.

$$\{1,\ x_1,\ x_2,\ x_3\},\ \{1,\ x_1,\ x_1^2,\ x_1^3\},\quad \{1,\ x_1,\ x_2,\ x_1^2\},$$
$$\{1,\ x_1,\ x_2,\ x_2^2\},\ \{1,\ x_1,\ x_3,\ x_1^2\},\quad \{1,\ x_1,\ x_3,\ x_3^2\},$$
$$\{1,\ x_2,\ x_3,\ x_2^2\},\ \{1,\ x_1,\ x_2,\ x_1x_2\},\ \{1,\ x_1,\ x_3,\ x_1x_3\}.$$

これを実際に確認してみよう.母数に対応する変数は,a,b,c,dを使う.

───────────── 統計的扇の確認 ─────────────

```
i11 : R3 = QQ[a..d][x1,x2,x3];
i12 : g4=(map(R3,R2))(g3);
               1      4
o12 : Matrix R3  <--- R3
i13 : (a+b*x1+c*x2+d*x3) % g4
o13 = c*x2 + d*x3 + a + b
o13 : R3
i14 : (a+b*x1+c*x1^2+d*x1^3) % g4
o14 = a + b + c + d
o14 : R3
i15 : (a+b*x1+c*x2+d*x1^2) % g4
o15 = c*x2 + a + b + d
o15 : R3
i16 : (a+b*x1+c*x2+d*x2^2) % g4
o16 = c*x2 + d*x3 + a + b
o16 : R3
i17 : (a+b*x1+c*x3+d*x1^2) % g4
o17 = c*x3 + a + b + d
o17 : R3
i18 : (a+b*x1+c*x3+d*x3^2) % g4
```

2.8 関連する話題

```
                 2
o18 = d*x3  + c*x3 + a + b

o18 : R3

i19 : (a+b*x2+c*x3+d*x2^2) % g4

o19 = b*x2 + (c + d)x3 + a

o19 : R3

i20 : (a+b*x1+c*x2+d*x1*x2) % g4

o20 = (c + d)x2 + a + b

o20 : R3

i21 : (a+b*x1+c*x3+d*x1*x3) % g4

o21 = (c + d)x3 + a + b

o21 : R3
```

i13 行から i21 行のそれぞれが，上記の 9 通りの単項式の集合に対応する多項式のグレブナー基底による割り算である．例えば i13 行では多項式

$$\theta_{000} + \theta_{100}x_1 + \theta_{010}x_2 + \theta_{001}x_3$$

をグレブナー基底で割り算しており，その余りは o13 行より

$$(\theta_{000} + \theta_{100}) + \theta_{010}x_2 + \theta_{001}x_3$$

である．すなわち母数 θ_{000} と θ_{100} は和の形でしか推定できないので，この多項式モデルは識別可能でない．ほかについても同様であり，すべて識別可能でないことが確認できた．したがって，この計画は確かに極大扇計画である．最後に，この計画の扇の 4 つの元に対応する多項式について，割り算の結果を確認しておこう．

―――――――― 代数的識別可能なモデルの確認 ――――――――
```
i22 : (a+b*x3+c*x3^2+d*x3^3) % g4

           490       2    20160           8939          11700
o22 = (c + ---d)x3  + -----d*x2 + (b - ----d)x3 + a - -----d
            11         11                11              11

o22 : R3

i23 : (a+b*x2+c*x2^2+d*x2^3) % g4
```

```
              1       2             61             30
o23 = - --d*x3  + (b - --d)x2 + (c + --d)x3 + a + --d
             11      11             11             11
o23 : R3
i24 : (a+b*x2+c*x3+d*x3^2) % g4
             2
o24 = d*x3  + b*x2 + c*x3 + a
o24 : R3
i25 : (a+b*x2+c*x3+d*x2*x3) % g4
              1       2             61             30
o25 = - --d*x3  + (b - --d)x2 + (c + --d)x3 + a + --d
             11      11             11             11
o25 : R3
```

いずれの場合も，割り算の余りの各項の係数と，もとの母数との対応は一対一であり，識別可能であることが確認された．

あとがき

　まえがきで述べたように，計算代数統計の発端となったのは，以下の2本の論文である．

[10] Diaconis, P. and Sturmfels, B. (1998). Algebraic algorithms for sampling from conditional distributions. *Annals of Statistics*, **26**, 363-397.

[24] Pistone, G. and Wynn, H. P. (1996). Generalised confounding with Gröbner bases. *Biometrika*, **83**, 653-666.

本書はこのうち，これまで日本語で解説される機会が [10] と比較して少なかった [24] を，なるべく平易に解説することを目指した．また，この論文の理解のために必要な代数学の知識が，なるべく本書のみで得られるようなものを目指した．実際は紙面の都合で，Buchberger アルゴリズムの証明を省略したし，また，最後の 2.8 節は，凸多面体に関するいくつかの定義を曖昧にしている．しかしそれらを除けば，本書の定理にはすべて，証明，あるいは理解の助けになると思われる例を掲載した．また，Macaulay2 による計算には，すべて具体的なコードを掲載した．これらの特徴により，計算代数統計について全くの初学者の方も，安心して本書を読み進めることができると思う．

　[24] は計算代数統計の重要な文献のひとつである．しかしこの論文が直接，応用統計学に貢献した，とは考えにくい面がある．確かに，2000 年頃の計算代数統計のいくつかの論文には，「単項式順序を指定すれば，あとはシステマティックに識別可能な多項式モデルが構成できる」ことが，応用面でのメリットであると主張しているような記述も見られる．しかし実際のデータ解析の立場からは，多項式モデルの母数の推定可能性はモデル行列の列の独立性からただちに（少なくとも，グレブナー基底の計算よ

りもはるかに簡単に）判定できることであるので，正直，応用面でのありがたみは感じられない．では，この論文の貢献はどこにあるのだろうか？

この問いに対する筆者の考えは以下である．この論文は，いくつかの統計学の概念を数学的に定式化する方法を述べている．それにより，例えばグレブナー基底の理論のような純粋数学の結果を，統計学に利用するための道が拓けた，という点が，大きな貢献であると思う．例えば，本書の最後に少しだけ紹介した，代数的扇や普遍グレブナー基底に関する話題は，グレブナー基底の理論とステイト多面体の関係などの代数幾何における重要な結果が，統計学と融合する可能性を示唆している．また，全く同じ理由で，応用統計学における重要な問題が，そのまま代数学への重要な問題提起となりうる，という点も見逃せない．例えば，計画イデアルは任意の一部実施計画について定義できる代数的な対象であるので，伝統的な実験計画法におけるレギュラーな一部実施計画の理論のうち，計画イデアルの性質に翻訳できるものは，すべて一般の一部実施計画に関する理論に拡張することが可能である．実際，そのような方向性の論文は多く，計算代数統計の研究の重要な一分野となっている．そのような，代数学と統計学との相互の問題提起とそれによる相乗効果が，本書でも再三述べてきた，計算代数統計の急速な発展の正体なのかもしれない．統計学は幅広い学問であるから，本書の読者が興味，関心をもつ統計学の理論，手法，応用分野は，多岐にわたるものと思う．そのような，統計学のさまざまな分野で活躍する一人でも多くの方が，計算代数統計の研究に参入していただけたら嬉しい．各分野における重要な統計学の問題が代数学者に提示され，逆に読者が代数学における最新のトピックに関心をもつことで，計算代数統計の進展は，さらに加速の度合いを増すだろう．

本書では，代数計算ソフトウェアとして Macaulay2 を取り上げた．その一番の理由は，まえがきにも書いたように，これがブラウザ上で利用できるからである．サーバーがたまに落ちている，などの不安定さのデメリットはあるものの，（入力の手間はかかるが）タブレット端末からでもグレブナー基底の計算ができる（！）という「手軽さ」は，筆者が本書で伝えたかったことのひとつである．Macaulay2 に関しては，ほかのソフト

ウェアのいくつかがパッケージとして利用可能である点も強調しておきたい．本書の最後に紹介した gfan はその例である．また，[10] に関連した研究で必要となる，トーリックイデアルのグレブナー基底計算において，現在最速のソフトウェアのひとつである 4ti2 も，Macaulay2 のパッケージとして利用できる（gfan と同様，loadPackage "FourTiTwo"として読み込むことができる）．本書では [10] に関しては解説ができなかったが，トーリックイデアルのグレブナー基底計算において，4ti2 の計算速度は現時点で他を圧倒しているから，この点は（研究においては特に）重要であることを強調しておく．これらの話題に関しては，自分の本で恐縮だが，筆者と共同研究者による

[4] Aoki, S., Hara, H. and Takemura, A. (2012). *Markov bases in algebraic statistics*, Springer Series in Statistics, Springer.

も参照いただけたら幸いである．

本書の執筆で主に参考にしたのは以下の 3 冊である．

[8] Cox, D., Little, J. and O'Shea, D. (2007). *Ideals, varieties, and algorithms, An introduction to computational algebraic geometry and commutative algebra*, Third ed., Springer-Verlag.

[15] JST CREST 日比チーム (編). (2011). グレブナー道場, 共立出版.

[21] Pistone, G., Riccomagno, E. and Wynn, H. P. (2001). *Algebraic statistics: Computational commutative algebra in statistics*. Chapman & Hall.

本書の前半は [15] の第 1 章，[8] の第 2，3 章などを，本書の後半は [8] の第 1，4 章，[21] の第 2，3 章などを，それぞれ参考にした．[15] のほかの章では，第 3 章の Macaulay2 によるプログラミングの入門や，第 4 章の著者らによる [10] を源流とする計算代数統計の入門にも目を通していただければ幸いである．[8] は，最も広く読まれているグレブナー基底の教科書のひとつである．本書で説明を省いた Hilbert の零点定理や根基イデアルについてきちんと学びたい読者は，この第 4 章を読んでほしい．[21]

は，代数統計 (algebraic statistics) の名前の付いた最初の単行本である．統計学を題材に代数学を学びたい読者は，この第 4 章以降もよいきっかけになると思う．さらに興味をもった読者には，計算代数統計のさまざまな話題を学ぶことができるレクチャーノート

[11] Drton, M., Sturmfels, B. and Sullivant, S. (2009). *Lectures on algebraic statistics*. Oberwolfach Seminars, **39**. Birkhäuser.

や，応用統計学のいくつかのテーマに代数的な視点から切り込んだ

[20] Pachter, L. and Sturmfels, B. (2005). *Algebraic statistics for computational biology*. Cambridge University Press.

にも挑戦してほしい．グレブナー基底の理論の，統計学以外の分野への応用に興味がある読者には，別の話題として，1991 年に Conti と Traverso により示された（文献 [7]）整数計画法の問題へのグレブナー基底の応用を挙げておく．この話題の分かりやすい解説は，例えば

[13] 日比孝之 (編). (2006). グレブナー基底の現在, 数学書房.

の第 5 章にある．この本はほかの章にも，グレブナー基底のさまざまな周辺分野への応用がある．また，前述の [8] は第 6 章で，ロボティクスへの応用を扱っている．

参考文献

[1] 4ti2 team. 4ti2 – A software package for algebraic, geometric and combinatorial problems on linear spaces. http://www.4ti2.de

[2] Abbott, J., Bigatti, A., Kreuzer, M. and Robbiano, L. (2000). Computing ideals of points. *J. Symbolic Computation*, **30**, 341-356.

[3] 青木敏, 竹村彰通 (2007). 統計学とグレブナー基底, 計算代数統計の発端と展開. 数学, 論説, **59**, 3.

[4] Aoki, S., Hara, H. and Takemura, A. (2012). *Markov bases in algebraic statistics*, Springer Series in Statistics, Springer.

[5] Box, G. E. P. and Behnken, D. W. (1960). Some new three level designs for the study of quantitative variables. *Technometrics*, **2**, 455-475.

[6] CoCoA Team. A system for doing computations in commutative algebra. http://cocoa.dima.unige.it

[7] Conti, P. and Traverso, C. (1991). Buchberger algorithm and integer programming, *in* Applied algebra, algebraic algorithms and error correcting codes. (Mattson, H., Mora, T. and Rao, T. eds.), Lecture Notes in Computer Science, **539**, Springer-Verlag, 130-139.

[8] Cox, D., Little, J. and O'Shea, D. (2007). *Ideals, varieties, and algorithms, An introduction to computational algebraic geometry and commutative algebra*, Third ed., Springer-Verlag.

[9] Decker, W., Greuel, G. -M., Pfister, G. and Schönemann, H. Singular 3-1-2, A computer algebra system for polynomial computations. http://www.singular.uni-kl.de

[10] Diaconis, P. and Sturmfels, B. (1998). Algebraic algorithms for sampling from conditional distributions. *Annals of Statistics*, **26**, 363-397.

[11] Drton, M., Sturmfels, B. and Sullivant, S. (2009). *Lectures on algebraic statistics*. Oberwolfach Seminars, **39**. Birkhäuser.

[12] Grayson, D. R., and Stilman, M. E. Macaulay2, a software system for research in algebraic geometry. http://www.math.uiuc.edu/Macaulay2/

[13] 日比孝之 (編). (2006). グレブナー基底の現在, 数学書房.

[14] Jensen, A. N. Gfan, a software system for Gröbner fans and tropical varieties. http://home.imf.au.dk/jensen/software/gfan/gfan.html

[15] JST CREST 日比チーム (編). (2011). グレブナー道場, 共立出版.
[16] Maruri-Aguilar, H. (2007). *Algebraic statistics in experimental design*. Department of Statistics, University of Warwick.
[17] 三輪哲久. (2015). 実験計画法と分散分析, 統計解析スタンダード, 朝倉書店.
[18] Mora, T. and Robbiano, L. (1988). The Gröbner fan of an ideal. *J. Symbolic Comput.*, **6**, 183-208.
[19] Noro, N., Takayama, N., Nakayama, H., Nishiyama, K. and Ohara, K. Risa/Asir: A computer algebra system. http://www.math.kobe-u.ac.jp/Asir/asir.html
[20] Pachter, L. and Sturmfels, B. (2005). *Algebraic statistics for computational biology*. Cambridge University Press.
[21] Pistone, G., Riccomagno, E. and Wynn, H. P. (2001). *Algebraic statistics: Computational commutative algebra in statistics*. Chapman & Hall.
[22] Pistone, G. and Rogantin, M. P. (2008a). Algebraic statistics of level codings for fractional factorial designs. *Journal of Statistical Planning and Inference*, **138**, 234-244.
[23] Pistone, G. and Rogantin, M. P. (2008b). Indicator function and complex coding for mixed fractional factorial designs. *Journal of Statistical Planning and Inference*, **138**, 787-802.
[24] Pistone, G. and Wynn, H. P. (1996). Generalised confounding with Gröbner bases. *Biometrika*, **83**, 653-666.
[25] Robbiano, L. and Rogantin, M. P. (1998). Full factorial designs and distracted fractions. In *Gröbner Bases and Applications (Linz, 1998)*, Cambridge University Press, 473-482.
[26] Sturmfels, B. (1996). *Gröbner bases and convex polytopes*. American Mathematical Society.
[27] 竹村彰通. (1991). 現代数理統計学. 創文社.
[28] 竹村彰通, 日比孝之, 原尚幸, 東谷章弘, 清智也, 『グレブナー道場』著者一同. (2015). グレブナー教室, 共立出版.
[29] Wu, C. F. J. and Hamada, M. S. (2009). *Experiments: Planning, Analysis, and Optimization*. 2nd ed. Wiley. Wiley Series in Probability and Statistics.
[30] 山田秀. (2004). 実験計画法―方法編―. 日科技連出版社.

索　引

【欧字】

Box-Behnken 計画 (Box-Behnken design), 143
Buchberger アルゴリズム (Buchberger algorithm), 55
Buchberger 判定法 (Buchberger criterion), 53

Dickson の補題 (Dickson's lemma), 26

echelon 計画 (echelon design), 106, 152

gfan, 150

Hilbert の基底定理 (Hilbert basis theorem), 48
Hilbert の零点定理 (Nullstellensatz), 95

Macaulay2, 59
Macaulay の定理 (Macaulay's theorem), 118

p 値 (p value), 81

S 多項式 (S-polynomial), 52

【ア行】

アフィン多様体 (affine variety), 10, 91
余り (remainder), 17, 38, 50, 134

一部実施計画 (fractional factorial design), 84, 88
　Box-Behnken 計画, 143
　echelon 計画, 106, 152
　混合計画, 140
　レギュラーな—, 85, 97
イデアル (ideal), 14, 89
　イニシャル—, 46
　計画—, 90
　根基—, 95
　単項—, 19, 21
　単項式—, 20
　有限生成な—, 15
イデアル記述問題 (ideal description problem), 15, 19, 32
イデアル所属問題 (ideal membership problem), 15, 19, 24, 43, 112
イニシャルイデアル (initial ideal), 46
イニシャル単項式 (initial monomial), 37, 118
因子 (factor), 78, 88

応答 (response), 88
応答関数 (response function), 108
応答曲面法 (response surface method), 144
応答空間 (response space), 112

【カ行】

ガウスの消去法 (Gaussian elimination), 2
可換環 (commutative ring), 113, 116
環 (ring), 9

索引

完全実施計画 (full factorial design), 78, 88

逆辞書式順序 (reverse lexicographic order), 34
極小グレブナー基底 (minimal Gröbner basis), 48
極小元 (minimal element), 24
極小扇計画 (minimal fan design), 152
極大扇計画 (maximal fan design), 154

繰り返し (replicates), 88
グレブナー基底 (Gröbner basis), 47
　極小—, 48
　被約—, 49
　普遍—, 150

計画 (design), 78, 88
　Box-Behnken —, 143
　echelon —, 106, 152
　一部実施—, 84, 88
　完全実施—, 78, 88
　極小扇—, 152
　極大扇—, 154
　混合—, 140
　最適—, 84
計画イデアル (design ideal), 90
計画行列 (design matrix), 88
係数 (coefficient), 8

項 (term), 8
交互作用モデル (interaction effecto model), 79
合同 (congruent), 113
交絡 (confound), 86, 111
根基 (radical), 95
根基イデアル (radical ideal), 95
混合計画 (mixture design), 140

【サ行】

最小 2 乗推定値 (least squares estimator), 81
サイズ (size), 88, 111, 112
最適計画 (optimal design), 84

識別可能 (identifiable), 131
識別可能性 (identifiability), 131
次元 (dimension), 112
指示関数 (indicator function), 111
辞書式順序 (lexicographic order), 34
次数 (degree), 8
十分統計量 (sufficient statistics), 89
主効果モデル (main effect model), 79
純辞書式順序 (pure lexicographic order), 34, 69, 102
商 (quotient), 17
商環 (quotient ring), 114
消去順序 (elimination order), 103
消去定理 (elimination theorem), 71, 102
剰余環 (residue class ring), 114

水準 (level), 78
水準集合 (level set), 88
推定可能 (estimable), 81, 130

正規方程式 (normal equation), 81, 131
生成系 (generating set), 15
扇 (fan), 148
線形モデル (linear model), 82
全順序 (total order), 33
線点図, 87
先頭項 (leading term), 37

【タ行】

体 (field), 9
代数的扇 (algebraic fan), 148

索　引

代数的閉体 (algebraically closed field), 95
多項式 (polynomial), 8
多項式環 (polynomial ring), 9
多項式関数 (polynomial function), 108, 112
多項式モデル (polynomial model), 78
単項イデアル (principal ideal), 19, 21
単項式 (monomial), 8
　イニシャル—, 37, 118
　標準—, 118
単項式イデアル (monomial ideal), 20
単項式順序 (monomial order), 33
　逆辞書式順序, 34
　辞書式順序, 34
　純辞書式順序, 34, 69, 102
　消去順序, 103
　ブロック順序, 103

直交表, 87

定義関係 (defining relation), 85, 97

同型 (isomorphic), 116
同値関係 (equivalence relation), 113

【ハ行】

掃き出し法 (row reduction), 2
パラメータ (parameter), 78

被約グレブナー基底 (reduced Gröbner basis), 49
表現する (represent), 109
標準単項式 (standard monomial), 118
標準表示 (standard form), 38, 43

ファンデルモンド行列 (Vandermonde matrix), 76, 154

普遍グレブナー基底 (universal Gröbner basis), 150
プーリング (pooling), 82
ブロック順序 (block order), 103
分散分析 (analysis of variance, ANOVA), 79

飽和多項式モデル (saturated polynomial model), 130
補間多項式 (interpolatory polynomial), 75, 111, 127
母数 (parameter), 78

【マ行】

モデル行列 (model matrix), 80, 124

【ヤ行】

有限生成 (finitely generated), 15, 48
有限体 (finite field), 90
有理関数体 (rational function field), 133

【ラ行】

零点 (zero point), 10
レギュラーな一部実施計画 (regular fractional factorial design), 85, 97

【ワ行】

割り算 (division), 7, 17
割り算アルゴリズム (division algorithm), 38

〈著者紹介〉

青木　敏（あおき　さとし）
2000 年　東京大学大学院工学系研究科計数工学専攻博士後期課程 退学
現　在　神戸大学大学院理学研究科数学専攻 教授
　　　　博士（情報理工学）
専　門　計算代数統計，数理統計
主　著　*Markov Bases in Algebraic Statistics—Springer Series in Statistics—*
　　　　（共著，Springer, 2012）

統計学 One Point 9

計算代数統計
—グレブナー基底と実験計画法—
Computational Algebraic Statistics

2018 年 8 月 15 日　初版 1 刷発行

著　者　青木　敏　Ⓒ 2018
発行者　南條光章
発行所　共立出版株式会社
　　　　〒112-0006
　　　　東京都文京区小日向 4-6-19
　　　　電話番号　03-3947-2511（代表）
　　　　振替口座　00110-2-57035
　　　　http://www.kyoritsu-pub.co.jp/

印　刷　大日本法令印刷
製　本　協栄製本

検印廃止
NDC 411.8, 417.7
ISBN 978-4-320-11260-5

一般社団法人
自然科学書協会
会員

Printed in Japan

JCOPY ＜出版者著作権管理機構委託出版物＞
本書の無断複製は著作権法上での例外を除き禁じられています．複製される場合は，そのつど事前に，出版者著作権管理機構（TEL：03-5513-6969，FAX：03-5513-6979，e-mail：info@jcopy.or.jp）の許諾を得てください．